Philippe Lorin

TGV

Der schnellste Zug der Welt

Orell Füssli

Aus dem Französischen übertragen von Ascanio Schneider

Philippe Lorin dankt dem Presse- und Informationsdienst der
SNCF, besonders den Herren Augé, Collins und Desailly.

Gedankt sei auch Herrn Avenas, Direktor der neuen Linie Paris—
Sud-Est und Herrn Allabergère; Herrn Metzler, Chefingenieur
der Rollmaterialabteilung; Herrn Jacques Cooper, Designer, und
den Zuständigen der Firma Alsthom Atlantique in Belfort und in
Paris.

Es wäre ungerecht, hier nicht jener zu gedenken, die ich während des Baues im Gelände antraf sowie jener Männer im Führerstand, die Tag für Tag mit Rekordgeschwindigkeit ihre Züge
sicher führen.

Die Fotos stammen vom Autor und vom audiovisuellen Zentral-
bureau der SNCF: Herren Delemarre, Henry, Olivain, Vignal,
d'Angelo, Billet und Feranderi.

Umschlagbilder: Key-Color, Zürich

Lektorat: Armin Ochs
Herstellung: Peter Schnyder/Walter Voser

Inhalt

«Glücklich, wer wie Odysseus...»

Die lange, orangefarbene Raupe setzt sich in Bewegung. Schon kriecht sie den Bahnsteig entlang. Die Arme der dort zurückbleibenden Leute, eben noch den Abreisenden zum Abschied entgegengestreckt, senken sich. Bewegte Gesichtszüge zeigen wieder Gleichgültigkeit.

Bequem im Zugsabteil, in der Tiefe des Polstersessels geborgen, läßt man seinen Blick, ohne ein bestimmtes Ziel anzupeilen, durch das Wagenfenster schweifen: Ein Gewirr von Drähten zeichnet sich am heller werdenden Himmel ab.

Wie wenn sie mühsam ihren Weg suchen müßte, gleitet die glänzende Wagenschlange langsam zwischen grauen, hohen Mauern, gewissermaßen zwischen Felswänden, die den Horizont verdecken, dahin. Doch dann weitet sich der Blick: Die Stadt erscheint in ihrer ganzen Größe, sie dehnt sich vor den Augen aus, sie atmet. Das Licht spielt mit den Fassaden, mit Aluminiumverkleidungen, mit blitzenden Glaswänden, die über Dutzende von Stockwerken empor himmelwärts streben. Schon sieht man auch einen gleißenden Kanal, dann gähnende Kies- und Sandgruben, Automobilparkplätze riesiger Einkaufszentren und Autokolonnen, die sich durch die Stadttore mühsam den Weg in die Metropole bahnen. Die Vororte der Großstadt haben uns.

Der Zug rollt schneller, der Fahrrhythmus beschleunigt sich. Die Landschaft wechselt ihr Antlitz: Rundherum ist jetzt grünendes Land, und die Augen erhaschen zuweilen Einzelheiten, die man indessen rasch wieder vergißt. Da, plötzlich, aber kaum wahrgenommen, erscheint die Hauptstraße eines kleinen, glücklichen Dorfes im Morgensonnenschein, eingerahmt von Häusern mit bläulichen Dächern, die sich an einen Abhang klammern und sich um den Kirchturm scharen, den ein rostiger Hahn ziert.

Nun fährt er schon viel schneller, unser Zug. Die Landschaft zieht, nein, sie huscht nur so vorbei, einem Kaleidoskop gleich, in irrealen und buntscheckigen Farben. Der Blick verliert sich im Nichts... Bald wandert die Vorstellung ziellos dahin, gleichsam über die verworrenen Pfade eines Traumes...

Der TGV erhebt sich über die ersten Anhöhen des Senonais und des Pays d'Othe, welche die fruchtbaren Ebenen der Yonne und des Armançon beherrschen. Wie Verletzungen eines Körpers sehen sie aus, die Kreide- und Sandspuren, welche sich im fruchtbaren Boden abzeichnen. Aber, so weit das Auge reicht, beherrschen doch grüne Wiesen und saftige Weiden diese Landschaft. Büsche und Hecken sorgen für saubere Trennung der Grundstücke. Lautlos erfolgt dieses schnelle Gleiten. Die Blätter zittern im Fahrwind. An der Böschung biegt sich das Unkraut, legt sich flach nieder, um sich nach Vorbeifahrt des Ungetüms wieder mühsam aufzurichten.

In Saint-Florentin setzt man über die Stammlinie Paris–Dijon–Lyon–Marseille, auf der sich ein Zug vor-

1 Paris, Gare de Lyon: In Erwartung des Abfahrbefehls.
2, 3, 4 Anmutige Landschaften.
5 Mit 260 km/h geht's durch das Mâconnais.

wärts zu schleppen und in der Ferne zu verschwinden scheint.

Schon sind wir in Burgund... Burgund, du wechselnde, buntschillernde Landschaft, mit dir und in dir läßt sich gut leben! Du bist nicht von heute auf morgen das geworden, was die Jahrhunderte aus dir gemacht haben. Du bist immer an einem Kreuzweg gewesen. Hier trafen und treffen sich die staubigen Straßen, über die beinahe alle Völker Europas gezogen sind.

Burgund! Wiege des christlichen Glaubens, wo begnadete Architekten mit kühnem Schwung Kirchen und Abteien errichtet haben, die sich vom stets wechselnden Himmel abheben, wo Künstler neue Linien gezogen, mit Kurven und Ornamenten zur Ehre Gottes nicht gegeizt haben.

Die Bahnstrecke durchschneidet die Hügel, taucht in die Täler. Sanft und grün sind hier die Hänge. Arabesken gleich heben sich die Bäume auf den Anhöhen vom blauen Himmel oder von drohenden Wolkenwänden ab.

In Montchanin überquert man den Canal du Centre.

Nicht weit von hier, nur wenige Kilometer entfernt, wird der blaue Himmel vom Rauch der Kamine verdüstert: Man ahnt die Hochofenlandschaft von Le Creusot.

In der Ferne liegt Cluny: Die Abtei ist eines der schönsten Bauwerke des Mittelalters. Einige Steinwürfe weiter, jenseits der Hügel, in Milly, lebte Alphonse Prat de Lamartine: Abends, im Dämmerlicht eines unvergeßlich schönen Sonnentages, glaubt man ihn noch den Namen «Elvire» flüstern zu hören... Elvire, das Pseudonym seiner Geliebten!

Da ist aber schon das Mâconnais, die Landschaft um Mâcon. Wird einem nicht warm ums Herz bei Namen wie Pouilly, Chasselas, Fuissé? Und dann die Saône! Eingerahmt von zarten Laubbäumen, gleitet sie durch die Landschaft, versucht ihr Bett zwischen den sie säumenden Hügeln auszuweiten. Doch wir haben zuviel geträumt: Mâcon ist schon aus unserem Blickfeld entschwunden, und mit der Stadt, im aufsteigenden Dunst der Saône, auch die Rundziegeldächer. Schon folgt die letzte Etappe, das Ende der Reise, das Ende des Liedes... Man gleitet nun unter dem Himmel eines Tales, das den Menschen seit jeher prägte und formte, dem Flusse gleich, dem oft unberechenbaren. Sathonay! Der Zug verlangsamt seine Fahrt: Die Häuser schmiegen sich eng an die schmalen, grauen Straßen... Es riecht nach Vorort.

Vergeblich versucht man das zarte Gefühl, das einen bis jetzt begleitet hat, zu bewahren. Man schließt wieder die Augen, die man zwischen zwei Tunnel flüchtig geöffnet hatte. Doch es nützt alles nichts: Man kann das Unmögliche nicht möglich machen. Lyon, Spiegel Roms im Lande der Gallier, ist eine Realität, eine internationale Großstadt, lebendig und lebhaft. Da liegt sie, in goldenem Sonnenlicht (oder aber sie schlottert im Nebel!). Man hat 425 Streckenkilometer in zwei Stunden zurückgelegt, beinahe ohne sich dessen be-

4

5

wußt geworden zu sein, in einem der rund hundert Hochgeschwindigkeitszüge («Trains à Grande Vitesse», TGV) der französischen Staatsbahngesellschaft («Société Nationale des Chemins de fer français»), welche heute täglich und in beiden Richtungen auf der neuen Eisenbahnlinie Paris—Sud-Est verkehren.

Geschichtliches

Man behauptet — obwohl es nicht bewiesen ist —, daß die Chinesen den Schubkarren erfunden haben. Eines ist sicher: Der Erfinder des Rades, wer immer es auch gewesen sein mag, hat mit seiner Entdeckung das Antlitz der Erde verändert.

Poetisch ist es, sich vorzustellen, die runde Form der Sonne oder des Mondes hätte ihn dazu inspiriert. Aber warum eigentlich nicht? Die Sonne war unseren Vorfahren heilig, wie es bei einigen Völkern das Rad auch heute noch ist.

Gewiß, die unförmigen Holzrollen, die, eine nach der andern, unter jene riesigen Blöcke gelegt wurden, aus denen Pyramiden entstehen sollten, haben den Ägyptern beim Transport sehr geholfen, oder vielmehr den eingesetzten Sklaven die Arbeit erleichtert.

Doch nicht bei den Ägyptern finden sich die allerersten Räderspuren, sondern bei den Sumerern, 3000 Jahre vor unserer Zeitrechnung: Drei miteinander verpflockte Holzscheiben bildeten einen soliden Diskus, der sich über die ganze antike Welt verbreitete. Diese Radscheiben wurden an ungeschlachten Transportbrettern, an Karren und Wagen befestigt. Allmählich hörte der Mensch auf, sich zu Fuß fortzubewegen.

Und die Schienen?

Es kann sein, daß ihr Entstehen durch die fliesenartig angelegten Pfade Mesopotamiens oder durch die zerfurchten, felsigen Wege Griechenlands angeregt wurde. Unfreiwilligerweise trugen dann die römischen Straßen zu jener Gleisbreite bei, die unsere heutigen Eisenbahnen auszeichnet.

In der Tat: Die von den Rädern schwerer Wagen ins römische Straßenpflaster eingewalzte Spur ist fast gleich jenen 1,435 m Schienenabstand, die unserem mitteleuropäischen Gleissystem entsprechen.

Im Europa des 16. Jahrhunderts stemmten sich in den dunklen, unwirtlichen Tiefen der Minen die Arbeiter gegen primitive, mit Mineralien gefüllte Wägelchen, welche auf Holzstangen rollten, die man unmittelbar am Boden befestigt hatte. Erst vor zwei Jahrhunderten übernahmen in der Dunkelheit des Bergwerks allmählich blind gewordene Pferde diese Aufgabe, zogen schwere, bis zum Rand mit Kohle gefüllte «Hunde» über Schienen, die man inzwischen aus Stahl verfertigte.

Und die Maschine?

Ende des 17. Jahrhunderts gelingt es Denis Papin, den Dampf in seiner berühmten «Marmite», einem kochtopfartigen Gefäß, aufzufangen, während später der Engländer Trevithick ihn so sorgfältig aus dem Topf entweichen läßt, daß er damit ein von ihm entwickeltes Gefährt auf Schienen bewegen kann.

Es ist der 21. Januar 1804, und die Sache funktioniert! Doch die Zeit bleibt nicht stehen: Marc Seguin erfindet den Rundheizkessel. Stephenson bringt seine famose «Rocket» (Rakete) aufs Gleis: 20 km/h schafft dieses Ungetüm spielend, mit Spitzen bis zu 50 km/h! Lyon wird mit Saint-Etienne verbunden, Paris mit Saint-Germain-en-Laye, Straßburg mit Basel, Orléans mit Paris, Paris mit Lille. Frankreich bedeckt sich förmlich mit Eisenbahnlinien: Ein großes Netz ist entstan-

1   2

1 Ein Rad der Crampton-Lokomotive von Robert Stephenson.
2 Die Schiene? Zwei dürftig aussehende Parallelen, die in der Ferne verschwinden.

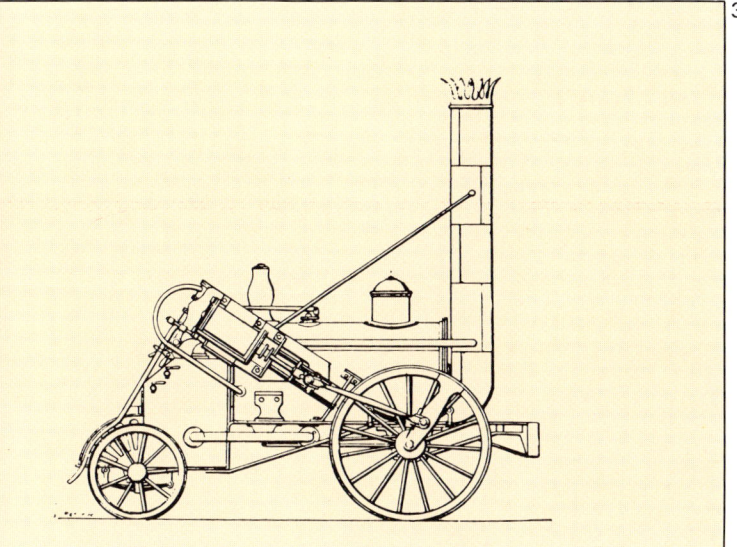

3

4

5

6

3 George und Robert Stephenson's Rocket.
4 Die Crampton-Lokomotive.

5 Das Buddicorn-Modell.
6 Die Pacific der berühmten Serie 231 war Arthur Honegger lieb und teuer.

den, ein neues Transportsystem, das die Welt revolutionieren und nicht aufhören wird, von Jahr zu Jahr und bis zum heutigen Tag sich stetig zu vervollkommnen. Überlegen wir doch: Wie verhält sich der Zeitablauf zur Menschheitsgeschichte?
Was bedeuten denn Jahrhunderte für die Entwicklung der sich allmählich bildenden Kontinente unseres Planeten? Für die Meere etwa, die vorrückten, sich zurückzogen und von neuem das Erdreich überfluteten; für die schwache Erdkruste, die von Zeit zu Zeit rebellierte, sich öffnete, sich verwarf, Feuer spie?
Was bedeuten diese Jährchen, gemessen an den Leistungen und am Zeitaufwand der großen Seefahrt, als Karavellen den Beweis erbrachten, daß die Erde rund ist?
Die Zeit bedeutet dem genialen Menschen wenig, denn er ist dieser Zeit ja ohnehin immer voraus, sein Geist befaßt sich mit Zukunftsträumen, er jagt schon anderen, neuen Ideen, neuen Wegen nach.

Und wir?

Hand aufs Herz: Wer von den Jungen erinnert sich noch gut an die Dampflokomotiven, diese schwarzglänzenden, tobenden Ungetüme, die auf den Gleisen dahindonnerten? Da war die 241 P, welche den ganzen Tag über zwischen Paris und Marseille die Landschaft und die Dörfer erzittern ließ. Nachts tauchte sie, Myriaden von Funken aus dem kurzen Schornstein ausstoßend, bei Valence auf, den meist ohnehin schon vorhandenen, südlichen Sternenhimmel mit Lichteffekten noch bereichernd.
Pausbäckige, aggressive Schnauzen, Schlauchleitungen, gerade oder gebogene Röhren waren das Kennzeichen dieser Dampflokomotiven: Sie glitten behende in die rußigen, raucherfüllten, aus Stahl und Glas erbauten Bahnhofhallen, mit kurzen, schnellen Zischlauten, die dem stählernen Leib entfuhren und die wir Älteren noch gut in Erinnerung haben.

Die riesigen Treibräder mit den stählernen Speichen bewegten sich im Takt, angetrieben von Kuppelstangen. Das rauchgeschwärzte Führerhaus bestand sozusagen nur aus Rädern, Hebeln und Manometern, die geschickt über und neben der Feuertüre angebracht waren, hinter der es unheimlich rot glühte.

Während der kurzen Stationshalte ließen sich Lokomotivführer und Heizer längs der Führerhauswand zu Boden gleiten. Mit raschem Griff hoben sie ihre Schutzbrillen zur rußgeschwärzten Stirn. Auf ihren Gesichtern waren dann zwei runde, weiße Hautpartien zu sehen. Darin glänzten die müde wirkenden Augen. Rasch faßten sie Wasser für ihre Lokomotive. Bei der Abfahrt sah man oft den in Schutzkleidung wohl geborgenen Arm des einen oder andern Bediensteten lässig aus dem Führerhausfenster hängen, als wolle er die auf dem Bahnsteig zurückgebliebenen Menschen flüchtig grüßen.

Wer erinnert sich noch dieser Szenen und erst recht jener, die zu den unmittelbaren Anfängen des Eisenbahnzeitalters gehörten? Alle diese vielen Jahre, während deren Triebfahrzeuge, Rollmaterial und die übrigen Einrichtungen der Eisenbahn sich langsam, aber stetig entwickelten, sie scheinen auf die fiebrigen Geister der nach neuen Entdeckungen Strebenden keinen allzu großen Einfluß ausgeübt zu haben. Doch, indem sie die Distanzen verkürzten, ja gewissermaßen sogar aufhoben, haben all diese Erfindungen und Verbesserungen, die Dampfmaschinen, die elektrischen, dieselelektrischen und Turbozüge, den Weg für jene verkehrstechnischen Umwälzungen geebnet, welche das 20. Jahrhundert geprägt haben.

Wo immer es Rekorde zu brechen gab, sie wurden gebrochen.

Und jeden Tag sind neue Entwicklungen, neue Errungenschaften möglich: Bei jeder neuentdeckten Betriebsmethode, deren Vervollkommnung und Verfeinerung sogleich einsetzt, beginnt das Rennen nach noch größerer Schnelligkeit, nach noch besserer Verkehrsbedienung. Aber es ist kein Rennen mit verbundenen Augen ins Schwarze hinein, nein, sondern ein vernünftiges Fortschreiten, geleitet vom Bestreben, der Eisenbahn mehr Sicherheit, mehr Komfort und mehr Rentabilität zu sichern.

Links: Die BB 9004, mit geschützten Frontscheiben, an jenem Tag, an dem sie in den «Landes» den Geschwindigkeitsrekord schlug.
Unten: Der «Capitole» des Jahres 1967 unterwegs nach Toulouse; erster französischer Zug, der fahrplanmäßig 200 km/h erreichte.

Die Entwicklung der Zugs-
geschwindigkeiten in Frankreich

Untersuchungen über mögliche Geschwindigkeiten auf der Schiene beschäftigten schon sehr früh jene Privatunternehmungen, die sich damals dem Eisenbahnbetrieb verschrieben hatten.

So erreichten in den Jahren 1889 und 1890 die Crampton-Lokomotiven (Baureihe 210) und die Outrances-Lokomotiven der NORD Geschwindigkeiten zwischen 120 und 144 km/h. Gewiß zogen sie dabei nur leichte Zugskompositionen, aber immerhin, der Beweis war erbracht, daß man auf der Schiene mit hoher Geschwindigkeit relativ sicher rollen konnte. Die Vermehrung der gekuppelten Treibachsen zu Beginn des 20. Jahrhunderts ging Hand in Hand mit der Entwicklung des Verbundsystems und der Einführung des Dampfüberhitzers, neue technische Errungenschaften, welche es den Atlantic-Lokomotiven der NORD (Reihe 221) erlaubten, zwischen Paris und Lille wie auch zwischen Paris und Calais 150 km/h zu fahren.

Im Jahr 1907 kommen die ersten, wesentlich stärkeren Pacific-Lokomotiven (Reihe 231, Achsfolge 2′ C 1′) zum Einsatz, denen der Schweizer Komponist Arthur Honegger mit seinem symphonischen Mouvement No 1 «Pacific 231» ein Denkmal setzte. Eine Versuchsmaschine der NORD, die 3999, reißt zwischen Survilliers und Pierreffite förmlich aus und erreicht, freilich unterstützt durch ein 5-Promille-Gefälle, 170 km/h!

Während des Ersten Weltkrieges hatte man andere Sorgen, und der Wettlauf zur Erzielung höherer Geschwindigkeiten stockte. Erst um 1930 gab es wieder Höchstgeschwindigkeitsversuche, so zwischen Blois und Tours, wo 156 km/h auf dem Lokomotivtachometer abzulesen waren. Während Jahren bildete nun dieser Geschwindigkeitsbereich, trotz verbesserter Lokomotivtechnik, die obere Grenze. Die Entwicklung der Dampflokomotive hatte, nach stürmischen Anfängen, eine wesentlich langsamere Gangart eingeschlagen.

Im Zweiten Weltkrieg ging es erst recht nicht um Höchstgeschwindigkeiten, sondern ums nackte Überleben. Nachher führte der gewaltige Aufschwung der elektrischen Zugförderung zur Beschränkung auf nur noch wenige Dampflokomotivreihen, wenn nunmehr auch die bisher ausgeklügeltsten Modelle zum Rollen kamen. Ahnungslos, könnte man sagen, schoben Dampflokomotiven ihre elektrischen Schwestern, zum Beispiel die berühmten BB 12 000, über die neu elektrifizierten Strecken des «Réseau du NORD-EST», da-

mit man das Verhalten verschiedener Stromabnehmer studieren und die Fahrleitung des Industrie-Wechselstromsystems (25 000 Volt 50 Hertz) richten konnte. Was den Dampfbetrieb betrifft, war man am Ende des Lateins angelangt. Nunmehr hatte der elektrische Strom überall das Sagen: Die Elektrizität, sauber, sicher und rund um die Uhr verfügbar, nahm von den Eisenbahnstrecken Besitz.

Ein wichtiges Datum für die Elektrotraktion: Der 28. März 1955

Während zwei Kilometern Streckenlänge steht der Geschwindigkeitsmesser im Führerstand der 108 Tonnen schweren CC 7107 der SNCF auf einer ungewöhnlich hohen Marke, und die beiden Lokomotivführer Brachet und Brocca staunen: 331 km/h! Eine Sensation? Ja und nein. Denn unmittelbar darauf schafft die 82 Tonnen schwere BB 9004 (siehe Seite 10) die gleiche Geschwindigkeit.

Natürlich ging es bei diesen Rekordfahrten in den südfranzösischen «Landes» nicht in erster Linie darum, zu zeigen, wie schnell man auf einem Gleis rollen könne, sondern vielmehr um zu beweisen, wie groß die Sicherheitsmarge bei den üblicherweise gefahrenen 140 bis 160 km/h ist. Diese Versuche führten im Lauf der Monate und Jahre zur allmählichen, stetigen Anhebung der Höchstgeschwindigkeiten gewisser «Rapides», wie beispielsweise seit 1967 bei den Zügen «Capitole», «Etendard» und «Aquitaine» und auch bei einem «Corail»-Schnellzug erster und zweiter Klasse Paris—Bordeaux bis auf 200 km/h, so daß Reisegeschwindigkeiten von 160 km/h für diese Züge das Übliche wurden.

Das große Abenteuer des Hochgeschwindigkeitszuges beginnt

Sich schnell fortbewegen, noch schneller fahren wollen, noch viel schneller rollen können: Nach Dynamik strebte der Mensch schon immer in seiner Rastlosigkeit, in seinem Zweikampf mit sich selber, aber auch im Kampf gegen die Zeit, die an ihm nagt und ihn stets mehr verbraucht.

Gefangener der Distanzen und der Fahrplan-Zwangsjacken, kämpft auch der Eisenbahner fortwährend gegen Betriebshindernisse und stellt Pläne auf, wie man bequemer und noch schneller reisen könne.

Die fortwährende Anhebung der gefahrenen Geschwindigkeiten, wesentlicher wirtschaftlicher Faktor und Trumpf der Eisenbahnen, war und ist auch für die französischen Staatsbahnen von vordergründigem Interesse. So wundert es uns nicht, daß eines schönen Tages dieses Streben Früchte tragen mußte. Es ist beinahe müßig, von den dafür unternommenen Anstrengungen zu sprechen, hatten die Franzosen ja laufend sensationelle Erfolge beim Anheben der Geschwindigkeiten zu verzeichnen.

Gegen Ende des 20. Jahrhunderts geht es nun darum, neue Wege zu beschreiten. Wie ein Spinngewebe überspannt ein relativ dichtes Eisenbahnnetz ganz Frankreich. In gewissen Landesteilen haben die verfügbaren Linien ihre Kapazitätsgrenze erreicht, wenn nicht sogar überschritten. Dies ist vor allem auf der «SUD-EST»-Verbindung Paris—Dijon—Lyon der Fall, welche nicht weniger als 40 Prozent der gesamten französischen Einwohnerschaft an die Eisenbahn anschließt.

Während der letzten fünfzehn Jahre hat sich der Verkehr auf dieser Strecke immer mehr entwickelt. Die Prognosen in bezug auf das Verkehrsaufkommen der Zukunft lauten zwar ebenfalls günstig, weniger indessen in bezug auf dessen Bewältigung. Dazu ein Beispiel: Schon heute ist in Stoßzeiten die SNCF gezwungen, Güterzüge über Umwegstrecken zu führen, damit die Hauptlinie den Personenverkehr überhaupt noch schlucken kann.

Zudem zeichnen sich in Europa neue eisenbahntechnische Entwicklungen ab: In einigen Ländern sind neue oder umgebaute Eisenbahnlinien für Geschwindigkeiten bis zu 200 km/h oder darüber in Betrieb genommen worden, oder sie stehen kurz vor ihrer Inbetriebnahme.

Täglich rollen von London aus rund hundert Züge mit solchen Geschwindigkeiten durch Großbritannien. In der Bundesrepublik Deutschland stehen zwei neue Hochleistungsstrecken bereits im Bau, weitere vier sind geplant. In Italien steht die «Direttissima» Rom–Florenz vor ihrer Vollendung. Am 4. Mai 1978 erreichte ein spanischer TALGO-Triebwagenzug 230 km/h. Moskau wird in Bälde mit Leningrad durch einen 14-Wagen-Zug verbunden sein, der Spitzengeschwindigkeiten von 200 km/h fährt, Geschwindigkeiten übrigens, die, wie wir gehört haben, in Frankreich heute bereits auf mehreren Strecken üblich sind. Im Jahre 1970 beschloß man, daß die Hauptader Paris–Lyon, welche auch aus topographischen Gründen gegenüber andern Strecken im Nachteil ist, neu auszurüsten sei. Die neue Linie sollte Züge aufnehmen, die damals bereits im Versuchsstadium waren und in bezug auf Geschwindigkeit alles in den Schatten stellen würden, was bisher auf der Welt auf diesem Gebiet erzielt worden war.

Zunächst studierte man sorgfältig, ob man die Doppelspur zwischen Saint-Florentin und Dijon nicht auf Vierspurbetrieb ausbauen könnte. Man kam aus Kostengründen davon ab, zumal der Tunnel von Blaisy-Bas neu zu bauen gewesen wäre, was horrende Summen verschlungen hätte, ohne jedoch durchgreifende Verbesserungen zu gewährleisten.

Man kam rasch zum Entschluß, ein völlig neues System zu entwickeln, das sich auch von den oben erwähnten Beispielen in den andern Ländern Europas unterscheidet. Wichtig schien es, die Verbindung Paris–Lyon beizubehalten und die neue Linie in das bestehende Streckengefüge einzubauen. Um Ballungszentren erschließen zu können, die außerhalb der geplanten Linienführung liegen, wurden zwei Verbindungsstrecken vorgesehen: Die erste führt über Dijon in Richtung Schweiz, die zweite über Mâcon in Richtung Savoyen. Jenseits Lyon aber sollten die TGV-Züge ohne betriebliche Erschwerungen auf bestehenden, schon sehr gut ausgebauten Linien das Mittelmeer erreichen können.

Angesichts der vorgesehenen sehr hohen Geschwindigkeiten stellte sich sogleich die Frage: Wie läßt sich die notwendige Stabilität der Drehgestelle, wie läßt sich eine einwandfreie Stromentnahme aus der elektrischen Oberleitung erzielen? Welches Stromsystem ist anzuwenden? Genügt die klassische Schiene? Werden die Weichenverbindungen bei den Verzweigungen genügend widerstandsfähig sein? Welches Signalsystem ist bei dichter Zugfolge im Stoßverkehr anzuwenden?

Während Monaten wurden in Südfrankreich, in den «Landes», auf jenem langen, schnurgeraden, durch die erwähnten Rekordfahrten schon berühmt gewordenen Streckenteilstück der Linie Bordeaux–Bayonne Versuchsfahrten durchgeführt, die folgende Ergebnisse zeitigten: Das klassische Gleis mit seinen

Schwellen und seiner Bettung entspricht, bei entsprechender Anlegung und sorgfältigster Wartung, durchaus den neuen Ansprüchen. Die Einteilung der Strecke in Blockabschnitte nach bisheriger Technik kann im Prinzip ebenfalls beibehalten werden. Immerhin muß die Übermittlung der Signalstellungen und -bilder an den Lokomotivführer direkt in den Führerstand erfolgen: Die bisher übliche optische Signalübermittlung an den Lokomotivführer genügt bei solch hohen Geschwindigkeiten natürlich nicht mehr.

Neben einem untadeligen Gleis auf hervorragendem Ober- und Unterbau, neben narrensicherer Signalübertragung in den Führerstand mußte auch der Ausgestaltung des Rollmaterials besondere Aufmerksamkeit geschenkt werden, sollte es doch Höchstgeschwindigkeiten von 260 km/h, später sogar von 300 km/h schadlos aushalten können.

Der Prototyp TGV 001 rollte, ohne jeglichen Zwischenfall, nicht weniger als 456 000 km, wovon 25 000 km mit Geschwindigkeiten von 300 km/h. Er bewies damit seine Eignung und diente als Grundlage für den Serienbau der TGVs.

Die Studien und Experimente gestatteten die Festlegung einer Bahntrasse, die so gestreckt wie möglich angelegt wurde. Man konnte sich Übergänge aus der Horizontalen in 35-Promille-Rampen bei 260 km/h Höchstgeschwindigkeit leisten, ohne daß technische oder betriebliche Probleme auftauchten. Die Wahl der Linienführung, eine Art Autobahn aus Stahl, Beton und verdichtetem Steinbett, wurde so landschaftsschonend wie möglich getroffen. Die Strecke läßt topographisch komplizierte Landstriche, die zahlreiche Brücken und Tunnel erfordert hätten, links liegen und brauchte deshalb nur relativ wenig Kunstbauten, was sich sehr günstig auf die Baukosten auswirkte. Zudem ist bekanntlich die gerade Verbindung zwischen zwei

Punkten auch die kürzeste. Sie vermeidet die Windungen von Tälern und Flüssen.

Wer eine neue Eisenbahnlinie bauen will, muß sich mit deren Bau- und Betriebskosten, auf weitere Sicht auch mit der Rentabilität befassen. Wir wollen unsere Darstellung nicht mit Statistiken und Zahlen belasten, welche wenig besagen und nichts beweisen. Wesentlich interessanter ist es, sich auf einige Aspekte zu beschränken, welche bei der Verwirklichung des Projekts eine Rolle spielen.

Zunächst mußten die durch die neue Linie berührten Geländeparzellen festgelegt, erworben und eine allfällige Güterzusammenlegung in die Wege geleitet werden. Und dies über eine Strecke von rund 400 km. Dann waren die Kostenvoranschläge zu erstellen, betreffend den Gleisbau, die Hochbauten, die Sicherungsanlagen, die Elektrifizierung, den Umweltschutz und den Unterhalt des Rollmaterials. Vorgesehen war der Bau von 90 Triebwagenzügen. Nur bei einer genügenden Anzahl Kompositionen ließ sich eine ausreichende und kostentragende Bedienung der «SUD-EST»-Region Frankreichs durchführen.

Gewiß bedingte dies alles hohe Investitionen, aber die Verwirklichung der TGV-Idee bringt nun einen solchen wirtschaftlichen Aufschwung der betroffenen Landstriche und ihrer Bevölkerung mit sich, daß man, schon auf mittlere Sicht, mit der vollständigen Amortisation der eingesetzten Gelder rechnen kann.

Ist also der TGV ein teurer, exklusiver Zug? Nein, er soll vielmehr zur «Métro» der Regionen werden!

Die Rentabilität des Projekts wird erst ganz gewährleistet sein, wenn zahlreiche, in regelmäßigen Abständen verkehrende Zugsgarnituren die Entlastung der andern, parallel verlaufenden, klassischen Strecken ermöglichen, auf denen dann zusätzliche Güterzüge eingelegt werden können, die vor allem deshalb drin-

gend erwünscht sind, weil im Süden die Industriezone von Fos in vollem Aufschwung steht.

Auf demokratische Weise stellt die neue Linie die hohen Geschwindigkeiten allen Reisenden, auch den bescheidensten, zur Verfügung, zum Preis der gleichen Ersteklasse- und Zweiteklasse-Fahrkarten, die auch für die Normalzüge der klassischen Strecken Gültigkeit haben. Vorläufig geniessen 18 Millionen Reisende dieses technische Privileg, das bislang den Benützern des japanischen «Tokaido»-Express zwischen Tokio und Hakata mit 210 km/h Höchstgeschwindigkeit vorbehalten war.

Wer hätte sowas gedacht? Nun wird der Zug gar zu einem ernstzunehmenden Konkurrenten des Flugzeuges, wenigstens über mittlere Distanzen. Er wird dem Luftverkehr etliche Kunden abwerben. Selbstverständlich entlasten die TGV-Züge auch den immer dichter und schwerfälliger werdenden Straßenverkehr, vor allem auf der in Ferienzeiten überbelegten «Autoroute du Sud». Auch der Güteraustausch zwischen dem Nordosten Frankreichs und dem Mittelmeergebiet, durch das sogenannte «Saône–Loire-Couloir», wird eine Verbesserung erfahren.

Dies alles erklärt, warum die Projektierung und Realisierung dieser revolutionären Linie und ihrer Züge für die zuständigen Leute, die Planer und Ingenieure, zu einem fast fünfzehn Jahre dauernden unvergeßlichen Abenteuer wurde.

Und während dieser Zeit gab es monatelang dauernde Diskussionen, Budgetberatungen, Berechnungen, faßte man Beschlüsse, die gelegentlich wieder zu verwerfen waren. Man arbeitete monatelang im Regen, im gleißenden Sonnenschein, im Sturmwind, im Schlamm, in stickigem Staub, erschüttert und betäubt von Sprenglärm, vom plagenden Gehämmer, vom Geratter der Betonmischer, vom Brüllen der Kompresso-

ren, vom Warngehupe der Krane. Monatelang wurde Betonpfeiler um Betonpfeiler errichtet, über Tälern in schwindelnder Höhe, von Unentwegten, die unerwartete Schwindelanfälle nur mit eisernem Willen niederkämpfen konnten.

Im Lauf dieser fünfzehn Jahre gab es Wochen und Monate, während welcher die Hauptarbeit darin bestand, den Fahrdraht zu ziehen und zu spannen; Wochen und Monate, während welcher das Gleis gerichtet wurde, jene funkelnden Stahlbalken, welche sich geometrisch genau in die schon vorher verlegten Schwellen einzufügen hatten.

Der Prototyp TGV 001 und die Vorserie-Kompositionen legten während zehn Jahren 1 Million 700 000 km Fahrstrecke zurück: Zehn Jahre Geschwindigkeitsversuche, Beschleunigungsexperimente, die die Grenze des gerade noch Vernünftigen gelegentlich überschritten; weiche, sanfte Anfahrten, abgelöst durch brutale Schnellbremsungen, bewußt herbeigeführte Zugstrennungen, Strapazier-Langstreckenfahrten während langer Wochenenden.

Tausende von Kilometern wurden von den Ingenieuren an Bord eines mit Instrumenten vollgestopften, rollenden Laboratoriums zurückgelegt, in welchem man hintereinander oder gleichzeitig Rollvorgänge, Stromentnahmen, Bremsverhalten und Traktionsphänomene aufzeichnete und studierte.

Dies alles bildet die Faszination des TGV: Ein Abenteuer, das andauert, fortdauert in der ununterbrochenen, gespannten Aufmerksamkeit der zuständigen Beamten im Zug und im Stellwerk, in der alltäglichen Arbeit all jener Verantwortlichen, die dem Wohlergehen der ihnen anvertrauten Reisenden verpflichtet sind.

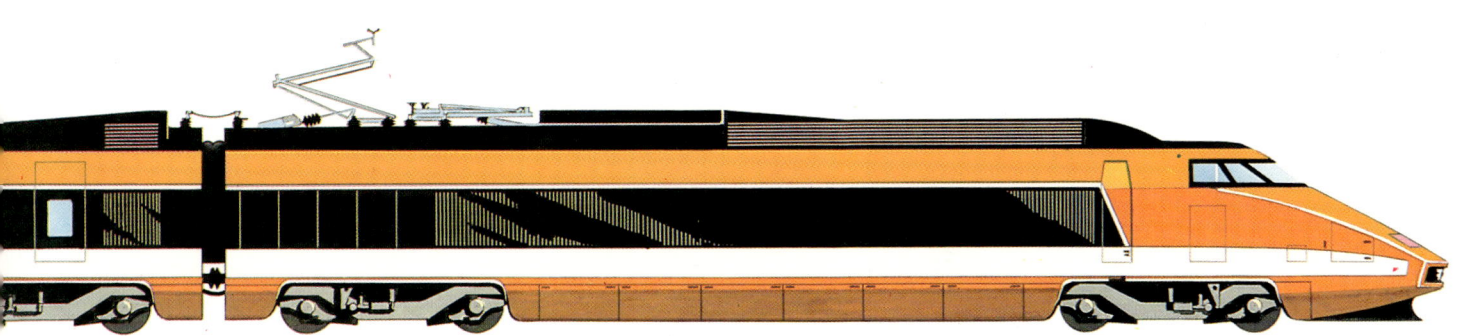

Einige notwendige Überlegungen grundlegender Art

Die Projektierung und Inbetriebnahme der TGV-Triebzüge hat seitens der verantwortlichen Ingenieure und Techniker eine ganz bestimmte Zielsetzung erfordert.

Zwei TGV in Vielfachsteuerung.

Zunächst die technische Zielsetzung . . .

Da die Strecke beträchtliche Steigungen aufweist, muß der TGV in der Lage sein, nach einem beabsichtigten oder unfreiwilligen Halt auf dem betreffenden Abschnitt (dessen Neigung bis 35 Promille betragen kann!), wieder anfahren zu können, selbst dann, wenn eines der Antriebsdrehgestelle ausfallen sollte. Andererseits müssen die Bremsaggregate so ausgestaltet sein, daß trotz der hohen Geschwindigkeiten die

1   2   3   4

26. Februar 1981 – 380 km/h
Der neue Weltrekord auf Schienen ist Tatsache!

Irgendwo auf der Strecke, am 26. Februar 1981.

Am 26. Februar 1981
pulverisiert der TGV den Geschwindigkeits-Weltrekord auf Schienen, indem er 380 km/h erreicht.
Es ist der serienmäßige Triebzug Nummer 16, um drei Glieder verkürzt, der den von der SNCF seit 1955 gehaltenen Rekord schlägt (vgl. Seite 12!).
Schauplatz der Handlung war das Departement Yonne in der Nähe von Tonnerre, wo die neue Linie durchführt: Die Rekordfahrt wurde in Anwesenheit der Tagespresse, zwischen den Streckenkilometern 192 und 140, absolviert. Im Führerstand befanden sich die Herren Jacquot, Levert, Ruiz und Dejeux.

◁ *Analyse eines Kupplungsvorgangs zweier TGV-Kompositionen.*
1 Nach dem Öffnen der Frontverschalungen nähern sich die Backen der Scharfenberg-Kupplung, wobei Führungshörner sie in die richtige Stellung bringen.
2 Der erste Kontakt bewirkt das Öffnen der Schutzdeckel der Kontaktklemmen.
3 Automatisch werden die pneumatischen und elektrischen Verbindungen hergestellt.
4 Die mechanische Verriegelung tritt in Aktion.

Bremswege, auch im stärksten Gefälle, optimal kurz und auf die Länge der Blockabschnitte abgestimmt sind.

. . . dann die betriebliche

Da zu gewissen Tageszeiten mit sehr hohem Verkehrsaufkommen zu rechnen ist, wurden die TGV-Züge für Vielfachsteuerung eingerichtet: Zwei Kompositionen können gekuppelt werden. Ein weiteres, wesentliches Element ist die Zuverlässigkeit: Neben einer sorgfältigen Fertigung des Rollmaterials unter Verwendung bester Bestandteile (nach dem Motto: «Nur das Beste ist gut genug!») muß der zuverlässigen Wartung und der raschen Pannenbehebung besonderes Augenmerk geschenkt werden. Dies ist die Aufgabe der speziell für den TGV-Unterhalt eingerichteten Werkstätten. Die Betriebssicherheit wird auch, wie wir schon erwähnten und später noch besprechen werden, durch die direkte Übermittlung der Signalbilder in die Führerkabine gewährleistet. Zudem besteht zwischen dem Lokomotivführer und der zentralen Zugleitung Sprechfunkverbindung.

Der TGV oder «Kunst auf Schienen»

Auf einer der Fassaden des Chaillot-Palastes in Paris steht in goldenen Lettern Paul Valérys Satz: «Tout homme crée comme il respire...» (Etwa: Ein jeder Mensch schafft Neues, so wie er atmet.)

Unsere Welt besteht aus Bewegung, Klang und Materie. Das Schöpferische, das unbedingt Etwas-Neues-schaffen-Wollen, ist Teil unseres Daseins: Der einfachste Gegenstand des Alltags ist aus einem Nachforschen, aus irgendeiner Vorstellung, aus der Phantasie entstanden. Wir sind von den verschiedenartigsten Formen umgeben, von barocken bis zu verfälschten

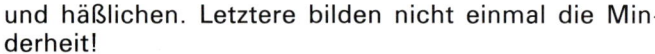

und häßlichen. Letztere bilden nicht einmal die Minderheit!

Manchmal, vor allem in unserer, von den Medien beeinflußten Zeit, entwickelt sich die Kreativität nach den Kriterien und den Geschmacksrichtungen der verschiedensten Technologien, im Verein mit neuen, technisch entwickelten und beherrschten Materialien. Vor einiger Zeit, so etwa in den Vereinigten Staaten mit Raymond Loewy, im Vorkriegs-Deutschland mit den Architekten des Bauhauses oder auch in den nordischen Ländern, ist ein Beruf, eine Tätigkeit entstanden, die immer mehr Leute in ihren Bann zog, jene des sogenannten «Designers» (aus dem Englischen «to design» = zeichnen).

Diese «Designers» sind in wenigen Jahren, sowohl bei uns in Europa wie auch jenseits des Atlantiks, die wahren Schöpfer unserer «industriell-ästhetischen» Umgebung geworden.

Auch die französische Staatsbahngesellschaft (SNCF)

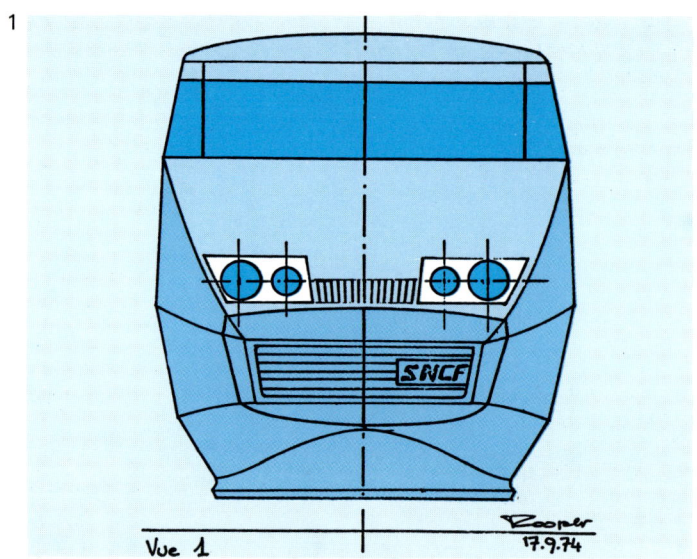

1

Vue 1
Rooper 17.9.74

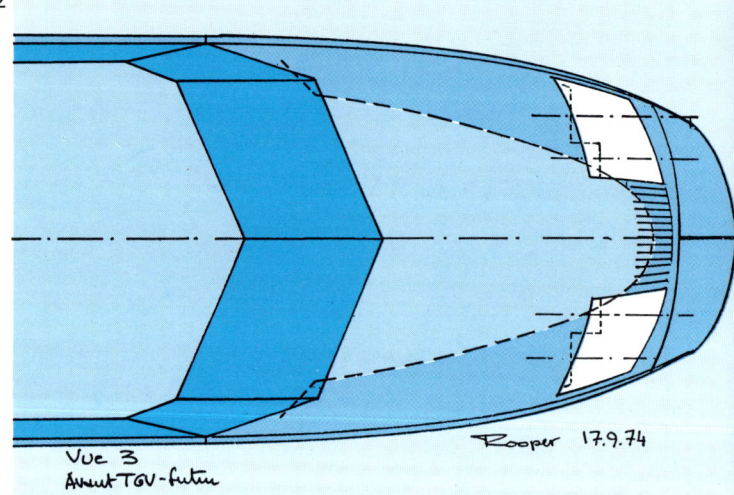

2

Vue 3
Avant TGV-futur
Rooper 17.9.74

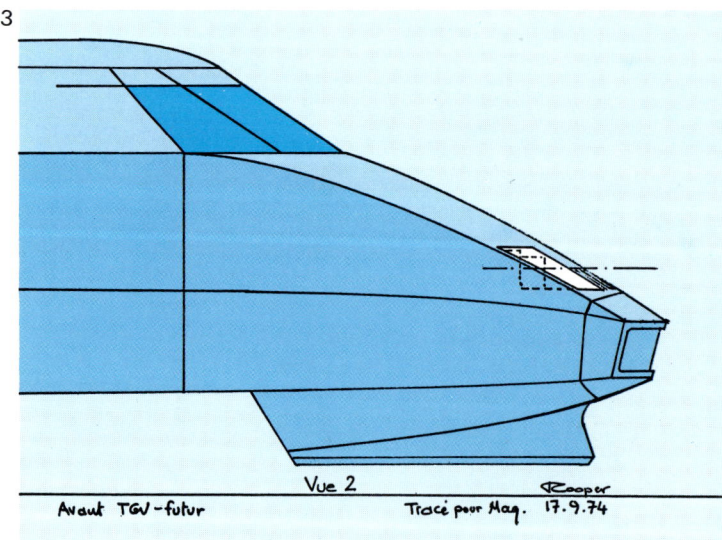

3

Avant TGV-futur   Vue 2   Tracé pour Mag. 17.9.74   Rooper

1, 2 und 3   Schnittzeichnungen (Auf-, Grund- und Seitenriß) als Vorstudie für die auf Seite 24 abgebildeten Informatik-Zeichnungen.

4   Die erste Verwirklichung des TGV-Traumes: Der TGV 001 mit Gasturbinen-Antrieb (1972).

Seiten 18 und 19: Verschiedene Skizzen eines Ästheten, des «Designers» J. Cooper.

4

19

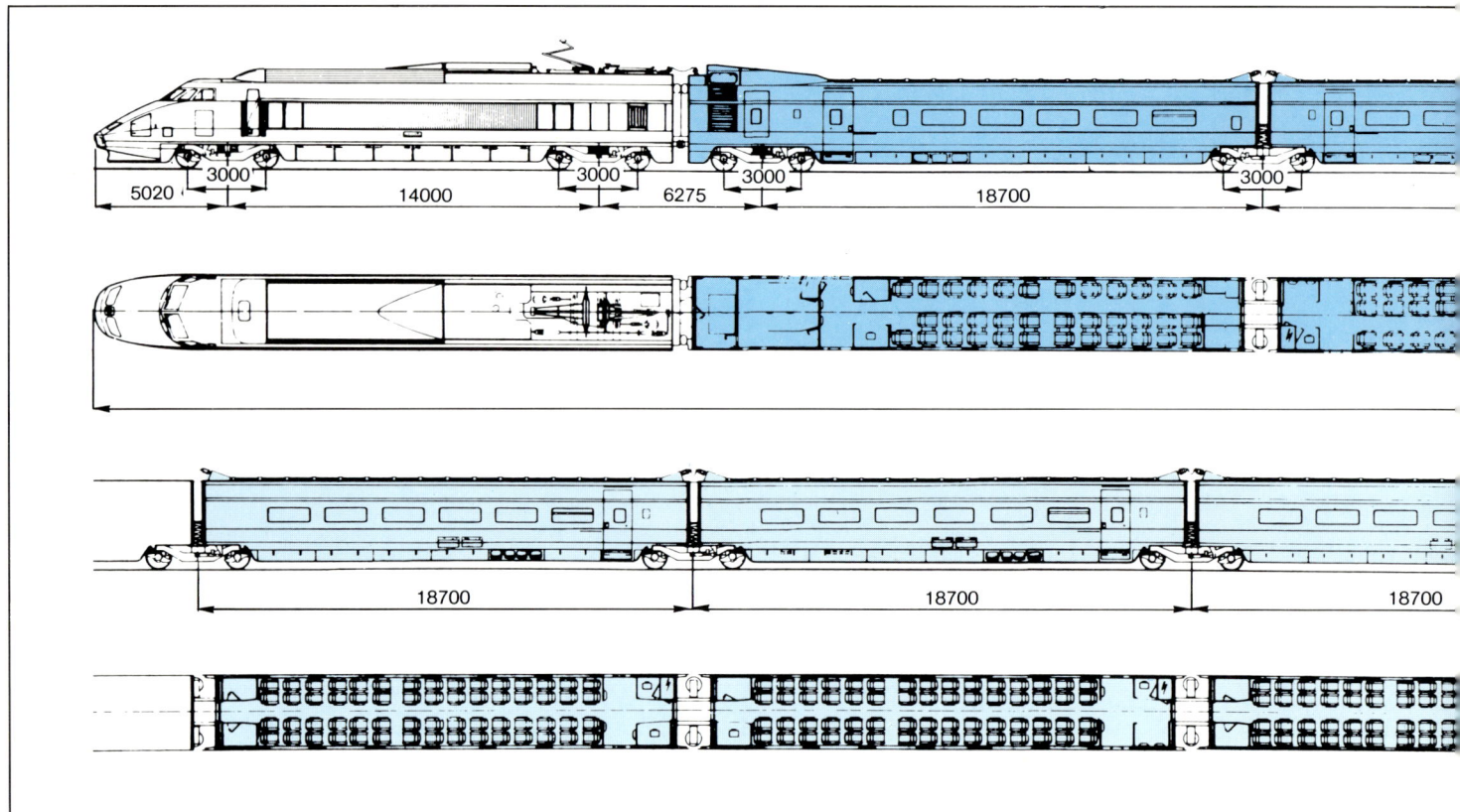

hat ihre diesbezüglichen Studien spezialisierten Fachleuten anvertraut. Den Verantwortlichen des «Designs» oblag die Synthese der neuen Formen und Farben mit den technischen Gegebenheiten des Schienenverkehrs. Im Lauf der Jahre haben viele neue Entwicklungen das Gleis erobert, wurde mit alten Vorstellungen und Gebräuchen aufgeräumt. Der neue Lebensstil verlangte auch von der Bahn eine Anpassung, ein Verlassen der ausgetretenen Pfade, ein vielleicht schmerzliches Verzichten auf technisch völlig Überholtes. Es ist ganz normal (das Gegenteil wäre ja wirklich überraschend), daß mit der Schaffung dieser neuen Linie auch die damit verbundene notwendige Studien- und Forschungsarbeit jenen Spezialisten anvertraut wurde, die sich bereits einen Namen gemacht hatten.

Aber es ist immerhin wichtig festzustellen, daß der TGV, obwohl er sich als revolutionäre Neuerung gibt, im Grunde genommen auf technisch Erprobtem fußt. Die äußere und die innere Ausgestaltung der Zugskompositionen freilich stellen nicht bloße Kopien früherer Fahrzeuge, sondern vielmehr die Frucht ästhetischer Studien dar, welche schon seit längerer Zeit in Frankreich im Gange waren und die auch zu den vom Publikum mit Begeisterung aufgenommenen Eisenbahnwagen der «Corail»-Serie geführt haben.

Die Ausstattung der TGV-Triebwagenzüge

Auf Grund der seit April 1972 erzielten ermutigenden Studienergebnisse optierte man für den sogenannten Gliedertriebzug, bei dem sich jeweils zwei Wagengliederenden auf ein gemeinsames Drehgestell abstützen. Der Gliedertriebzug umfaßt zehn Teile, wobei zwei Elektrotriebwagenköpfe mit der Achsfolge Bo'Bo' acht Wagenglieder einfassen. Diese Anordnung hat einen großen Vorteil: Beim allfälligen Ausfall eines Triebwagenkopfes kann derselbe problemlos vom Rest der Zugseinheit abgekuppelt und durch einen andern ersetzt werden. Um auch bei hohen Geschwindigkeiten ausreichende Stabilität zu gewährleisten, sind die Wagenglieder niedriger und kürzer als die klassischen Eisenbahnwagen: Der Triebzug weist eine Gesamtlänge von 200 m und 386 Sitzplätze auf, wovon 275 der zweiten Wagenklasse vorbehalten bleiben. In einem der Wagenglieder ist auch eine Bar eingerichtet, in der vorwiegend Getränke, aber auch einfache Zwischenverpflegungen für Zweiteklasse-Passagiere serviert werden. Die Sitzteilung in der zweiten Klasse weist die Anordnung 2 + 2, jene der ersten Klasse 2 + 1 auf.

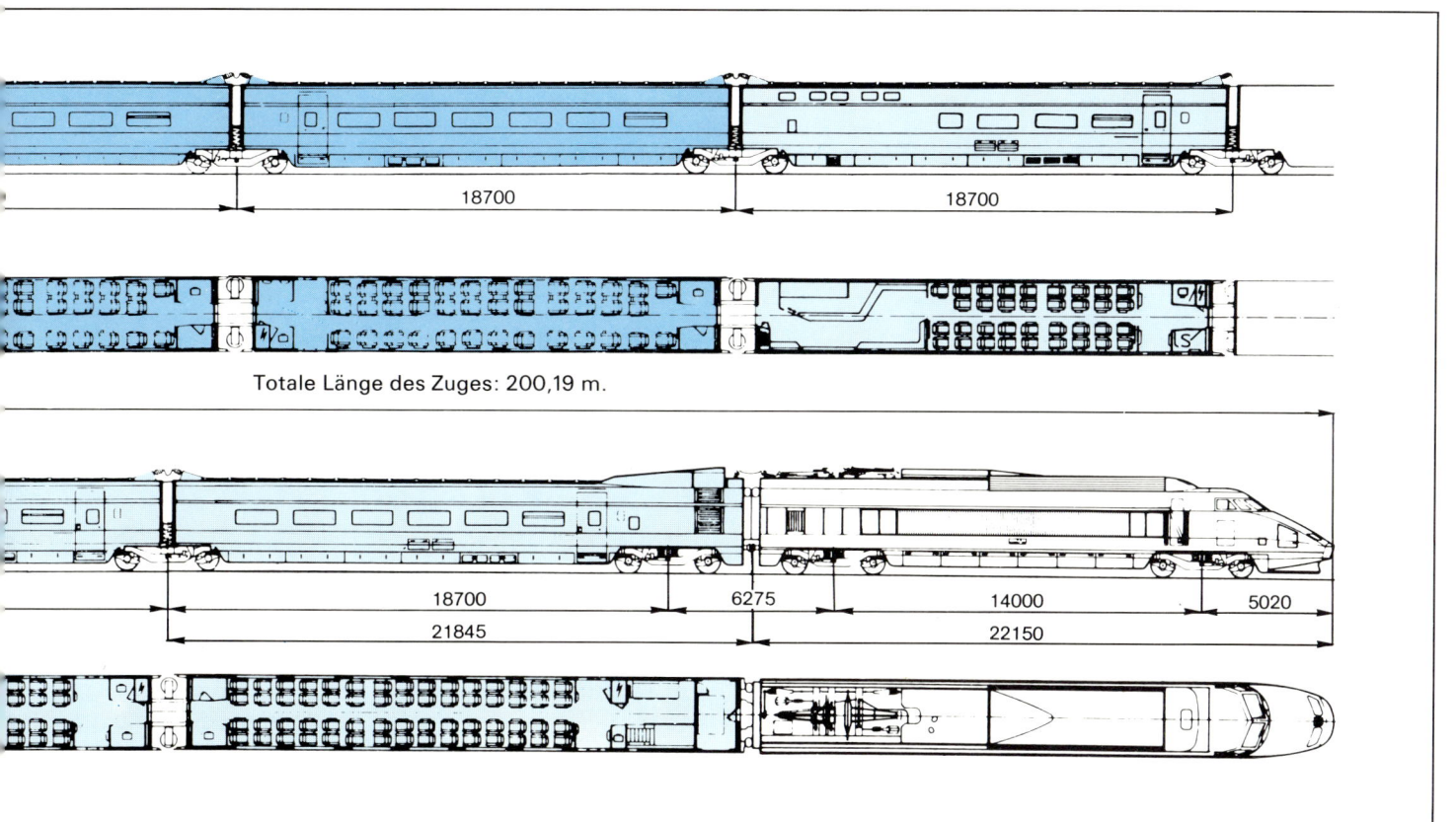

Totale Länge des Zuges: 200,19 m.

18700 18700

18700 6275 14000 5020
21845 22150

Die Inneneinrichtung

Folgende Punkte machen den Reisekomfort eines Eisenbahnwagens aus: Zunächst einmal ist es die Laufruhe des Fahrzeugs. Sie steht im Vordergrund. Schüttel- und Rüttelbewegungen, die dem Reisenden über lange Strecken hinweg zur Qual werden, sind auszuschalten. Dann ist auch die Vermittlung genügenden Raumes, sei es beim Sitzen, sei es im Stehen, wichtig. Die Geräuschdämpfung, die angenehme Belüftung bei genügend wirksamer Heizung, die farbliche Ausgestaltung des Fahrgastraumes, alle diese Dinge sind ebenfalls zu berücksichtigen.

Bei den sehr hohen Geschwindigkeiten, die normalerweise von den TGV gefahren werden, ist, man kann dies nicht genügend hervorheben, die Laufruhe von größter Bedeutung. Sicherheit und Bequemlichkeit . . . die richtige Formgestaltung der Polstersitze dient beiden.

Kaum hat man einen TGV betreten, freut man sich über den gebotenen Komfort, über die geschmackvoll abgestimmten Farbtöne der Sitze, Wandverkleidungen und Bodenbeläge. Man hat das Gefühl, hier seien Meister der Innenarchitektur am Werk gewesen.

Es ist recht schwierig, wesentliche Komfortunterschiede zwischen der ersten und der zweiten Klasse, abgesehen von der oben schon erwähnten Sitzteilung, festzustellen. Beide Kategorien gefallen durch ihren

Bezeichnung	Anzahl	Passagiere
M 1 Triebwagenkopf 1		
R 1 Wagenendglied 1. Klasse		35
R 2 Wagenglied 1. Klasse		38
R 3 Wagenglied 1. Klasse		38
R 4 Wagenglied 2. Klasse mit Barabteil		35
R 5 Wagenglied 2. Klasse		60
R 6 Wagenglied 2. Klasse		60
R 7 Wagenglied 2. Klasse		60
R 8 Wagenendglied 2. Klasse		60
M 2 Triebwagenkopf 2		
	111	275
Insgesamt Plätze	**386**	

gediegenen, schlichten Luxus, durch die klaren Linien, welche die Fahrgasträume auszeichnen. Gewiß ist die erste Klasse besonders für jene Fahrgäste geeignet, die entweder in ruhiger Umgebung reisen oder im Zug arbeiten wollen. Sie finden dazu genügend Platz. Immerhin bietet auch die zweite Klasse, verglichen mit normalen Eisenbahnwagen, erstaunlichen Komfort.

Die sich automatisch – durch das Körpergewicht auf dem Bodenteppich – öffnenden und schließenden Abteiltüren haben getönte, lichtdämpfende Sicherheitsglas-Scheiben. Breite Panoramafenster mit abgerundeten Ecken lassen das Tageslicht ungehindert in das Abteil einfallen und gewähren mühelosen Ausblick auf die Landschaft. Es wurden Doppelscheiben mit einer Luft-Zwischenschicht verwendet, die das Anlaufen des Wagenfensters verhindert.

Verschwunden ist der von vielen Reisenden ungeliebte und enge Faltenbalg zwischen den Wagengliedern. Der Wechsel von einem Wagenglied zum andern erfolgt vielmehr durch einen luft- und wasserdichten Übergangs-Verbindungstunnel, braun-orange bemalt. Der Boden ist mit Elastomer ausgelegt.

Für besondere Bedürfnisse sind im TGV praktische Einrichtungen anzutreffen: Der bequemen Unterbringung des Reisegepäcks wurde größte Aufmerksamkeit geschenkt, wobei die Gepäcknischen im Winter ohne Schwierigkeit in Skiabstellräume umgewandelt werden können. In einem Wagenglied erster Klasse befindet sich Platz für Behinderte, der auch Invaliden mit Zweiteklasse-Fahrscheinen zur Verfügung steht.

Klare Hinweise für die Reisenden

Am Wagenäußeren, neben den Türen, erfährt man durch klare Beschriftung oder durch Bildsymbole, wohin der Zug fährt, welcher Verpflegungstypus angeboten wird, ob es sich um ein Abteil für Raucher oder eines für Nichtraucher handelt. Aufgeführt ist auch die Wagennummer: 1 bis 8 bzw. 11 bis 18 (falls zwei TGV in Vielfachsteuerung verkehren).

Stehplätze gibt es im TGV nicht: Deshalb hat jeder Fahrgast seinen Sitzplatz im voraus zu reservieren, entweder am Fahrkartenschalter beim Bezug des Billetts oder am speziell dafür eingerichteten Reservationsautomaten, der bis kurz vor Abfahrt des betreffenden Zuges, je nach Verfügbarkeit, Platzkarten ausliefert. Die Platznummer ist auf der Rücklehne jedes Sitzes sowie auf der entsprechenden Leselampe zu ermitteln. Die Orientierung der Reisenden erfolgt fast ausnahmslos durch Piktogramme. Leuchtinschriften (in Blau, Grün oder Rot) findet man im Abteilinnern, so z. B. auf der Querleiste über den Abteiltüren. Bildsymbole weisen auf die Gepäckablagen, auf die Türverriegelung, auf die Wagenklasse hin. Die Beleuchtung erfolgt indirekt, von der Deckenmitte aus. Individuelle Leselampen richten ihren Strahl gezielt auf den entsprechenden Sitzplatz.

Die hervorragende Schalldämpfung gestattet die Ver-

Zuoberst: Abklappbare Tischchen in einem Abteil zweiter Klasse. Oben: Sitze erster Klasse.

Überblick über die zweite und die erste Wagenklasse.

Sanitäre Einrichtungen:
Die Papierhandtücher, die nach ihrer Verwendung meist am Boden statt im Papierkorb landen, sind aus dem TGV verschwunden; Warmluft-Handtrockner haben sie ersetzt. Die normalen Aborte wurden, in Anlehnung an jene der modernen Großflugzeuge, durch Vakuumklosetts abgelöst. Es kam jenes System zum Einbau, das auch im japanischen «Tokaido»-Expreß anzutreffen ist: Die Klosettschüssel wird durch Absaugen geleert und durch Druckluft mittels einer Unterwasserpumpe gereinigt. Der Fäkalienbehälter gestattet rund 500 Spülungen.

Die Sitze:
Zwischen den Sitzen der ersten und jenen der zweiten Klasse besteht technisch kein Unterschied. In der ersten Klasse sind die Stoffüberzüge andersfarbig und die Armlehnen breiter. Die Sessel haben eine sehr bequeme Form. Sie bestehen aus einer Glanzstahlschale mit beweglichen Armstützen. Im rückwärtigen Teil ist ein abklappbares Tischchen mit Doppelglashalter eingebaut, denn die Fahrgäste erster Klasse werden an ihrem Sitzplatz verpflegt. Der obere Bereich des Sitzhinterteils ist gepolstert, um einen allfälligen Aufprall zu dämpfen.

◁ *Sauber und klar ausgestaltete Piktogramme als unerläßliche Orientierungshilfen.*

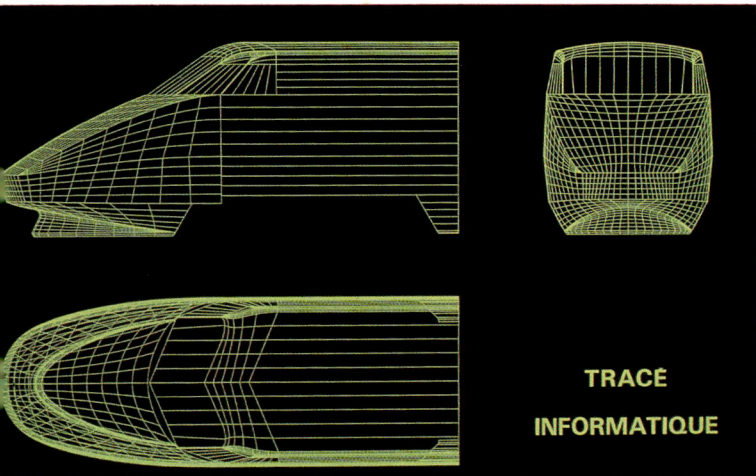

TRACÉ
INFORMATIQUE

mittlung von Reiseinformationen über diskret einge-
stellte Lautsprecher. In der Bar erklingt leise Musik.
Selbstverständlich wird die angenehme Innentempe-
ratur bei ausreichender Luftumwälzung durch die
wirksame Klimaanlage gewährleistet. Alle diese Einrichtungen, dieses Bestreben, Reisekomfort in höch-
stem Maße zu vermitteln, sollen nicht zuletzt dazu dienen, das Prestige der Eisenbahn im allgemeinen, jenes
der SNCF im besonderen zu heben.
Unbestreitbar ist der TGV ein einzigartiges Beispiel für
wohlgelungene Außen- und Innenarchitektur auf Rädern und ein Beispiel dafür, was sich aus der guten alten Eisenbahn mit Wille und Phantasie machen läßt.

Etwas Technik

Aerodynamische Studien – Gliedersystem – Wagenglieder – Triebwagenkopf – Führerkabine – elektrische
Ausrüstung – Drehgestelle und Motoren-Drehgestell
Y 230 und Y 231 – Marignan-Motor – Rad und Bremsung

1 Informatik-Umrißzeichnungen nach Cooper.
2 Windkanal-Experiment.
3, 4 Der TGV aus unüblichem Blickwinkel betrachtet.

Die aerodynamischen Studien

Am Anfang stand der Gedanke, einen Hochgeschwin-
digkeits-Triebwagenzug zu schaffen, der die Atmo-
sphäre und die Einrichtungen eines modernen Ver-
kehrsflugzeugs vermittelt. Von einem Plandiagramm
ausgehend, welches die SNCF vorgelegt hatte, erwog
man alle aerodynamischen Kriterien, die beim Bau von
Flugzeugen und Automobilen eine Rolle spielen. Mehrere Etappen umfaßte allein schon die Vorstudie:

Mögliche Form des Fahrzeugs;
Bau eines Modells auf Grund der gewählten
Form;
Experimente im Windkanal.

Wer Geschwindigkeit will, muß notgedrungen an die
Aerodynamik denken. Lange dauerte es, bis die

ideale, windschlüpfrige Form verwirklicht war: Im Jahre 1967 konkretisierte sie sich im «Turbotrain» TGS, einem kompakten und leichten Versuchsfahrzeug mit Gasturbinenantrieb. Der fortwährende Preisanstieg auf dem Erdölsektor führte aber zu einer Überprüfung der möglichen Antriebssysteme: Man beschloß, den kostengünstigeren elektrischen Antrieb zu wählen. Schließlich entstand ein weitgehend verschalter Elektrotriebwagenzug, wobei die Verschalung auch den Wagenunterteil umfaßt, inbegriffen Drehgestelle,

Einbau eines Übergangs-Verbindungstunnels in den Alsthom-Werken.

Hilfsaggregate, Handgriffe und dergleichen, so daß überall glatte Flächen entstanden, die dem Fahrwind wenig Angriffspunkte bieten. Neben den Projektautoren, den «Designern», den Ingenieuren, Technikern und Mechanikern spielte die elektronische Datenverarbeitung eine fundamentale Rolle. Manchmal war es der Computer, der bei Ungereimtheiten das letzte Wort sprach.

Das Gliedersystem

Der TGV lebt nicht zuletzt von den Vorteilen des Gliedersystems. Die Idee, eigentlich bestechend einfach, bedingte freilich die Lösung kniffliger technischer Probleme.
Worum geht es eigentlich?
In nüchternen Worten ausgedrückt: Ein TGV besteht aus einer bestimmten Anzahl von Wagenkasten, die

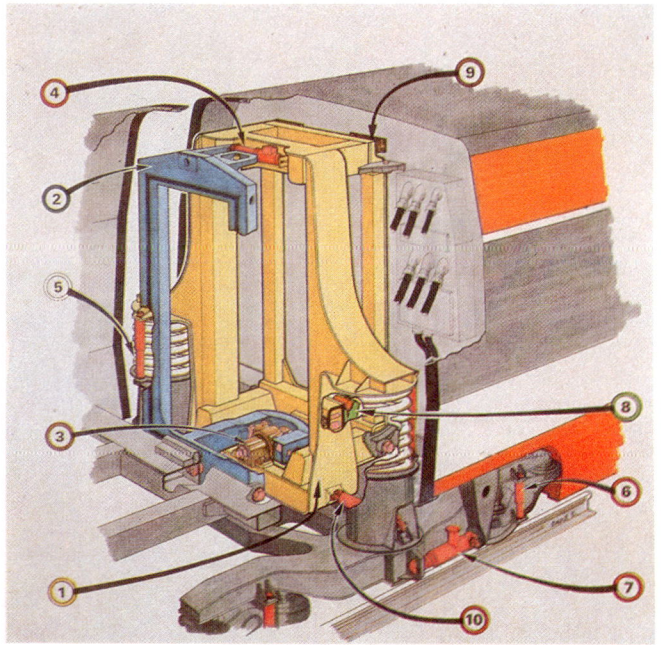

Übergangs-Verbindungstunnel

1 Tragender Ring
2 Fester Ring
3 Kugelgelenk mit Lager
4 Seitenneigungs-Dämpfer
5 Sekundäraufhängung mit Vertikalstoßdämpfung
6 Hüpfdämpfer
7 Schlingerdämpfer
8 Kupplungshaken
9 Gummi-Silentblock
10 Querstoßdämpfer

1   Gleitschiebetür.
2   Druckluftmotor zur Steuerung der Türen.
3   Einzelheiten der elektromechanischen Apparatur zur Türverriegelung.
4   Mit der Türöffnungs- und Türschließungsautomatik gekop-
pelte Klappstufen.

Diese Verbindung besteht aus zwei wesentlichen Kon-
struktionselementen:
– Ein fester Ring ist mit der Stirnwand des einen
  Wagenkastens verschraubt;
– ein beweglicher Ring ist mit dem benachbarten
  Wagenkasten durch ein Gummihakensystem verbunden.

Die Wagenglieder

Die nutzbare Fläche der einzelnen Wagenglieder ist
natürlich geringer als z. B. jene eines «Corail»-Wa-
gens. Dies ist durch die geringere Länge der Wagenkasten zwischen den Drehgestell-Drehzapfen bedingt.

durch ein Gelenk- oder Gliedersystem verbunden sind,
wobei das die Wagenkasten verbindende Kugelgelenk
verschiedene Bewegungen des Ganzen ermöglichen
muß, z. B. Seiten-, aber auch Übergangsneigung zwischen der Horizontalen und den zu befahrenden, relativ steilen Rampen. Im übrigen gestattet dieses Ge-
lenksystem den Reisenden den schall-, luft- und wasserdichten Übergang von einem Wagenglied zum andern.

1	Stromabnehmer für Einphasen-Wechselstrom	6	Umformer der Hilfsaggregate	11	Klimaanlage
2	Stromabnehmer für Gleichstrom	7	Kabinenblock	12	Batterien
3	Haupttransformator	8	Pneumatischer Block	13	
4	Motorblöcke	9	Führerstand	14	Behälterräume
5	Gemeinsamer Block	10	Automatische Kupplung		

Foto des Wagenkastens und -gerippes, vom Führerstand aus aufgenommen. Man erkennt die Struktur der Versteifungsstreben der Seitenwandungen.

Jeder Wagenkasten verfügt über nur eine Eingangstür. Diese Anordnung mußte aus zwei Gründen getroffen werden:

1. Die Anzahl der Sitzplätze, bereits geringer als in einem normalen Eisenbahnwagen, durfte nicht noch durch eine zweite Wagentüre vermindert werden.
2. Der Einstieg ins Wagenglied ist dank dem niedriger angelegten Wagenboden ohnehin angenehmer und rascher zu bewerkstelligen als beim konventionellen Eisenbahnwaggon.

Zwischen den beiden Triebwagenköpfen bilden die

Vorne am Triebwagenglied angebracht: «Schutzschild» zur Dämpfung auch heftigster Auffahrkollisionen.

den Fahrgästen vorbehaltenen Zugteile — drei Glieder erster, fünf zweiter Klasse — ein untrennbares Ganzes. Der Wagenboden liegt nur noch 1,02 m über der Schienenoberkante (gegenüber 1,25 m bei Normalwaggons), während die Komposition eine Gesamthöhe von 3,42 m aufweist.

Eine solche Anordnung hat große Vorteile: Außer dem oben erwähnten erleichterten Einstieg läßt sich auch ein geringeres Fahrgeräusch erzielen, welches ohnehin, dank den verschweißten Schienenstößen, sehr diskret geworden ist.

Der Triebwagenkopf

Sein Wagenkasten stützt sich auf ein Stahlgerippe ab, wobei zwei Längsträger, welche die elektrischen Apparaturen aufnehmen, eine Zentralwanne einrahmen,

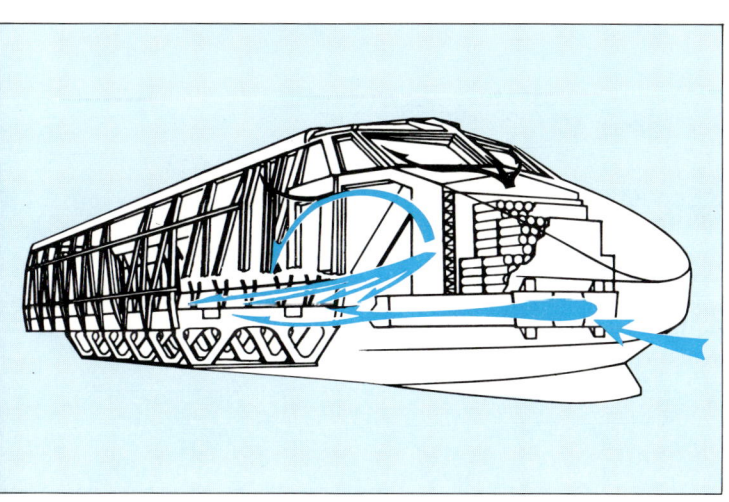

1

die ihrerseits alles Material enthält, das unter dem Chassis angebracht werden muß.

Von der Seite aus betrachtet, bilden die Triebwagenköpfe eine Art Dreieck. Die unteren Partien sind ein integrierender Bestandteil des Wagenkastens, was dessen Stabilität wesentlich erhöht.

Auf dem Dach der Führerkabine gestatten mehrere, normalerweise mit soliden Stahldeckeln gesicherte Öffnungen einen bequemen Zugang zu den zu wartenden Schaltern und Apparaturen. Allfälliger Ersatz beschädigter Teile kann auf diese Weise rasch erfolgen. Das Dach ist mit einem Schutzschild aus Polyester versehen, der über einer wasserdichten Aluminiumschicht liegt.

Die vordere Verschalung, aus 6 mm dickem Polyester, welche die gesamte automatische Kupplung verdeckt, ist, anders als beim «Tokaido»-Schnelltriebzug, nicht in einem einzigen Stück ausgebildet, sondern sie besteht aus mehreren Teilen: Bewegliche Schalen, Scheinwerfereinfassungen, Seitenschürzen, Klappen, die den Zugang zu den Scheinwerfern erlauben.

Hinter dieser Verschalung ist der Aufprallschutzdämpfer angebracht, gewissermaßen ein riesiger Schutzschild, der bis zu 200 Tonnen widerstehen kann. Er besteht aus einer Doppelreihe von rostfreien Rohren, die sich auf eine profilierte Aluminiumplatte abstützen. Bei einer Kollision verteilt die Platte die Wucht des Aufpralls auf die vier Frontholme der Führerkabine.

2

Die Führerkabine

Sie gewährt ungehinderten Ausblick auf die Strecke, über die man mit 260 km/h rast, und ist wohl das «Allerheiligste» des TGV, jener geschlossene, klimatisierte, schalldichte Raum, wo sich, in der Sprache des Dichters ausgedrückt, «der blauäugige Engel befindet, der das Ungetüm lenkt»!

Der Zugang zum Führerstand erfolgt durch zwei beidseitig des Wagenkastens angebrachte Türen, welche

3

4

1 Schematische Darstellung des Führerstandes.
2 Profilaufnahme der Führerkabine von außen.
3 Über Sprechfunk kann der Lokomotivführer jederzeit mit der zentralen Zugüberwachung Kontakt aufnehmen.
4 Teilansicht des Fahrpultes: Oben die optische Signalisierung, die dem Lokomotivführer anzeigt, daß er die Geschwindigkeitslimite von 260 km/h respektieren muß. Unten der Horizontaltachometer und, zur Linken, als Rundinstrument ausgebildet, der Solltachometer.

sich über der hinteren Achse des vorderen Antriebdrehgestells öffnen.
Die auf der linken Seite der Führerkabine angebrachten Steuerungsapparaturen (die Steuerung erfolgt übrigens auch hier manuell) gleichen jenen der neuesten
elektrischen Lokomotiven. In der Mitte befindet sich
der eigentliche Steuerschalter zur Geschwindigkeits-
regulierung und zum Bremsen. Darunter sind Uhr und
Geschwindigkeitsmesser angebracht.
Das Signalisationssystem in der Kabine umfaßt vier
Geschwindigkeitsschwellen: 260, 220, 160 und 0 km/h.

1 Doppelgelenk-Stromabnehmer für 25 000-Volt-50-Hertz-
Einphasenwechselstrom.
2 Elektrische Apparaturen auf dem Triebwagendach: Trenn-,
Stromwähl- und Erdungsschalter.
3 Einzelheiten der Pantographen-Schleifstücke: Links jenes für
1500 Volt Gleichstrom; das Schleifstück rechts gestattet die
Stromentnahme aus der 25 000-Volt-50-Hertz-Einphasen-
Wechselstrom-Fahrleitung.
4 Triebwagendach mit Pantographen.
5 Verkabelungseinzelheiten im elektrischen Teil des TGV-
Triebwagenkopfes. Der Ersatz beschädigter Teile läßt sich dank
dem klaren Aufbau ohne Schwierigkeiten durchführen.

Werden die vorgeschriebenen Geschwindigkeitsstufen überschritten, erfolgt automatisch die Schnellbremsung der Zugskomposition. Eine Stromkreissperre, unerläßliche Sicherheitsmaßnahme, garantiert auf alle Fälle den Halt vor jenem Punkt, an welchem die nicht respektierte, aber vorgeschriebene Höchstgeschwindigkeit oder gar der Halt hätten beachtet werden müssen. Ebenfalls in der Mitte des Führerstandes befindet sich die Konsole mit den Telefon- und Radioapparaturen, welche den Sprechverkehr innerhalb des Zuges und jenen nach außen ermöglichen, z. B. mit der zentralen Zugüberwachungsstelle.

Die elektrische Ausrüstung

Deren detaillierte technische Beschreibung wäre zu kompliziert, zu langatmig und zu beschwerlich. Folgendes soll immerhin erwähnt werden: Der TGV ist ein sogenannter Zweistrom-Triebwagenzug. Sechs Garnituren, die ab 1984 den Verkehr mit der Schweiz (wo Einphasenwechselstrom von 15 000 Volt 16⅔ Hertz die Regel ist) gewährleisten, haben sogar Einrichtungen für drei Stromsysteme. Während die neuerbaute TGV-Strecke mit 25 000-Volt-50-Hertz-Einphasenwechselstrom elektrifiziert ist, haben die daran anschließenden Strecken elektrische Ausrüstungen für das Gleichstromsystem 1500 Volt. Dieser technische Mehraufwand bedingte den Einbau von entsprechenden Schaltapparaturen und das Anbringen je zweier Stromabnehmer auf den beiden Triebwagenköpfen, einem Doppelgelenk-Einarmpantographen des Systems Faivelay AMD für den Wechselstrombetrieb und einem Eingelenk-Einarmpantographen Faivelay AM für die Gleichstrom-Streckenteile. Die Trenn- und Wählschalter im Bereich des rückwärtigen Teils jedes Triebwagenkopfes vervollständigen die elektrische Ausrüstung. Die Leistung der TGV-Komposition unter dem 25 000-Volt-50-Hertz-Fahrdraht erreicht 6450 kW (8770 PS). Zwölf Triebmotoren erbringen sie.

1 Schema des Laufdrehgestells Y 231.
2 Schema des Antriebdrehgestells Y 230.
3, 4 Einzelheiten der Aufhängung eines Drehgestells.

Drehgestelle und Motoren

Bevor der elektrische Strom zu jenen Organen vorstößt, die ihn in Bewegung umsetzen (Triebmotor und Drehgestell), gelangt er aus der Oberleitung über den Stromabnehmer in einen, man könnte fast sagen «maßgeschneiderten» Transformator, der allein schon mehr als acht Tonnen wiegt.
Wir wissen nun schon längst, daß jeder TGV-Zug aus zwei Triebwagenköpfen und acht motorlosen Zwischengliedern besteht. Sechs Antriebsdrehgestelle sind vorhanden: Je zwei stützen die Triebköpfe ab, je eines befindet sich am Ende der beiden den Triebköp-

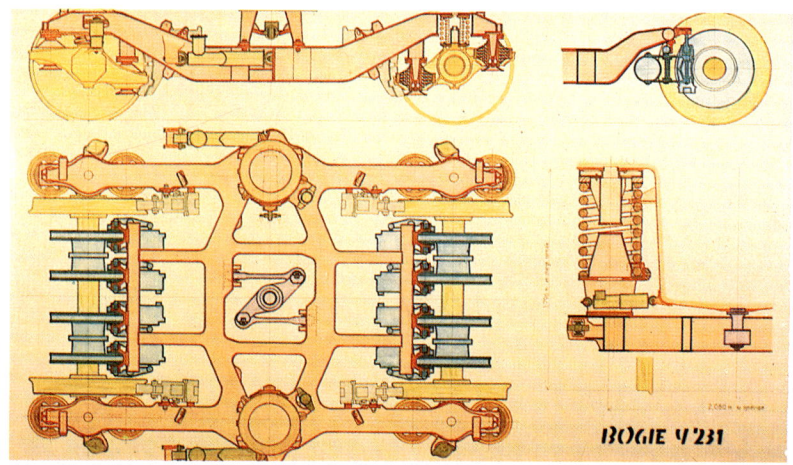

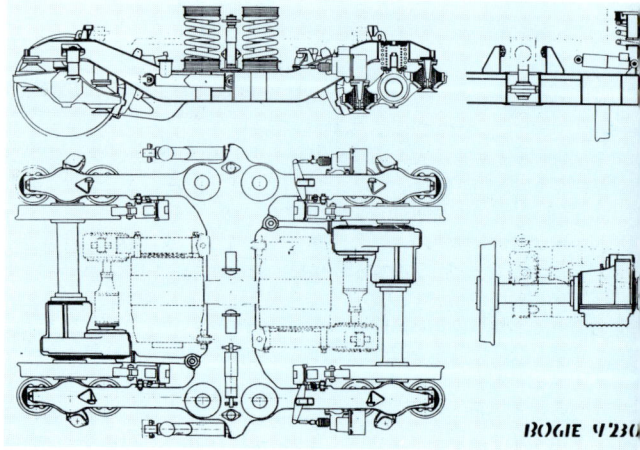

1 2

fen am nächsten gelegenen Zwischenglieder. Jedes der Antriebsdrehgestelle wird durch zwei Gleichstrommotoren angetrieben, welche unmittelbar am Wagenkasten befestigt sind. Zwölf Motoren also treiben mit geballter Kraft die TGV-Garnitur an. Die Bremsen wirken nach genau vorgegebenen Betriebsbestimmungen auf alle Drehgestelle.

Drehgestell Y 230 und Drehgestell Y 231

Sie unterscheiden sich grundsätzlich: Das Drehgestell Y 230 ist ein Antriebsdrehgestell, während Y 231 nur

den Wagenkasten abstützt. In diese Laufdrehgestelle sind Scheibenbremsen mit Klemmbacken sowie hydraulische Stoßdämpfer, die sich der Längs-, Vertikal- und Seitenbeweglichkeit annehmen, eingebaut. Die Achsen tragen Monobloc-Räder, deren Durchmesser 0,90 Meter erreicht.

Der neue Marignan-Motor

«Marignan» . . . Warum dieser Name für einen Lokomotivmotor? Nun, er wiegt genau 1515 kg. (Die Historiker sind im Bilde: Die Schlacht bei Marignano in Oberitalien fand 1515 statt!)
Im Gegensatz zu modernen elektrischen Lokomotiven mit Einmotordrehgestellen, deren Motor tief in den Lokomotivkasten hineinragt, zeigt der TGV einen grundlegenden Unterschied: Die Motoren sind hier unmittelbar am Wagenkasten angebracht, genauer gesagt, sie liegen auf einem Querbalken, zwischen zwei Längsholmen, also unter dem Fußboden des Wagenkastens, sich nicht mehr auf das Drehgestell abstützend.
Die Motoren haben eine Leistung von je 515 kW (700 PS) bei 224 km/h. Sie sind eigenbelüftet, vierpolig

und für allerhöchste Betriebsansprüche ausgelegt, vor allem im Hinblick auf die Bewältigung der berühmt-berüchtigten 35-Promille-Rampe, welche während langer sieben Minuten 1000 Ampère benötigt. Bei 260 km/h beträgt die Leistung des Motors noch 490 kW (666 PS), dies noch ein Detail für technisch Interessierte. Kurzum, der Marignan-Motor stellt nicht etwa einen neuartigen, revolutionären Antrieb dar, sondern er ist das Resultat konsequent angewendeter Konstruktionserfahrungen. Die robuste Fertigung bedarf, bei ausgesprochener Langlebigkeit, nur geringer Wartung.

Oben links: Der Marignan-Motor.
Einzelheiten eines Normaldrehgestells (Ansicht von unten). Man sieht die Scheiben- und die Klotzbremse.

Rad und Bremsung

Bis zum heutigen Tag hat man das Rad noch nicht ersetzen können. Es bleibt nach wie vor die unerläßliche Verbindung zwischen Wagenkasten und Schiene.

Das heutige, moderne Stahlrad ist, um den sehr hohen Ansprüchen des modernen Eisenbahnverkehrs genügen zu können, aus einem Stück gegossen, thermisch behandelt, von einfacher, aber erprobter Form. Um den Stahl bestmöglich zu härten, wird er auf 825 Grad Celsius erhitzt. Früher tauchte man dann das rotglühende Metall in Öl oder Wasser. Die plötzliche brutale Abkühlung härtet es an der Oberfläche. Heutzutage erfolgt das Härten freilich nicht mehr durch Eintauchen, sondern durch Abspritzen unter hohem Druck.

Was die Fahrzeugbremsung anbetrifft, ergaben sich, vor allem wegen der hohen Zugdichte auf der neuen Linie, zahlreiche Probleme.

Im Verlauf von Vorversuchen hatte sich das auf die Schiene wirkende Bremssystem Foucault in jeder Beziehung als geeignet erwiesen. Doch die durch die Bremsung hervorgerufene starke Erhitzung der Schienen hätte zu notwendigen Zugsintervallen von immerhin zwanzig Minuten geführt.

Nun besteht aber einer der Rentabilitätsfaktoren für eine Hochleistungsstrecke gerade darin, daß die Zugfolge möglichst dicht ist: Zugsabstände von etwa fünf Minuten sind also dringend erwünscht.

Die erwähnte Erhitzung der Schienen ist durch die Tatsache zu erklären, daß das Anhalten eines mit 260 km/h fahrenden TGV-Zuges doppelt soviel Bremsenergie erfordert wie bei einem gleich schweren, normalen Schnellzug, der aus 160 km/h abgebremst wird. Man trifft beim TGV drei Bremssysteme traditioneller Art an: Die elektrische Widerstandsbremse, die Schei-

benbremse und die Klotzbremse. Die Widerstandsbremse ist bei den Antriebsdrehgestellen Y 230 eingebaut. Sie ist sehr sicher, und sie übernimmt 40 Prozent der Bremsung.

Die mechanische Scheibenbremse wirkt auf die andern Drehgestelle: Sie besteht aus zwei Doppelscheiben, verhindert weitgehend die Abnützung der Radrollflächen und übernimmt weitere 40 Prozent der Bremsung.

Die altehrwürdige Klotzbremse schließlich besteht aus Gußeisen. Ihre Klötze finden sich bei den Drehgestellen Y 230 und Y 231. Sie wirkt unabhängig auf jedes Rad, reinigt es beim Bremsvorgang und erhöht so dessen Haftfähigkeit. Diese Bremse liefert 15 Prozent der Bremsverzögerung, während der Luftwiderstand des Fahrzeugs die restlichen 5 Prozent abdeckt.

Das neue Bahnsystem, seine Sicherheit und der Umweltschutz

Man kann es drehen und wenden wie man will: Im Verkehrswesen spielt die Sicherheit eine grundlegende Rolle: Die beförderten Kunden haben Anspruch darauf, aber auch die Güter und das zu deren Beförderung benötigte Rollmaterial. Deshalb setzt die SNCF nur Bewährtes und sorgfältig Geprüftes ein, nichts dem Zufall überlassend. Welches auch immer die benützten Strecken, Distanzen und gefahrenen Geschwindigkeiten sein mögen, wie auch immer der Eisenbahnzug beschaffen ist, Reisende und Güter zu transportieren ist ein heikles Unterfangen und bedarf der steten Wachsamkeit aller beteiligten Bahnorgane.

Die hohe Geschwindigkeit stellt, wie wir wissen, für die SNCF seit langer Zeit keine Unbekannte mehr dar. Doch der Beschluß, eine völlig neue Hochgeschwindigkeitsstrecke zu bauen, hat die französischen Staatsbahnen dazu geführt, alle wesentlichen technischen Probleme neu zu überdenken und, wo nötig, neue Wege zu beschreiten.

Es zeigte sich gleich, daß die Anwendung normaler, neben den Gleisen aufgestellter Signale nicht mehr in Frage kam. Bei einer Geschwindigkeit, die 200 km/h übersteigt, und bei ungünstiger Witterung ist ein richtiges Erkennen des Signalbildes durch den Lokomotivführer nicht mehr gewährleistet. Nur eine Signalisierung im Führerstand selber bietet die nötige Betriebssicherheit.

Solche und ähnliche Probleme wurden gründlich studiert, und nach zahlreichen Versuchen zeichneten sich mehrere Lösungen ab, die geeignet erschienen und unter welchen man auswählen konnte.

Welche Steuerung war beispielsweise vorzuziehen? Die automatische, bei der der Lokomotivführer nur noch Kontrollfunktion hat, oder die klassische Handsteuerung, parallel zu einem automatischen Überwachungssystem, welches im Notfall den Zug zum Stehen bringt?

Aus aerodynamischen Gründen ist die TGV-Komposition weitgehend verschalt. Das Bild zeigt die Verschalungen (Schürzen) im Bereich der Drehgestelle.

Eine heikle, aber unerläßliche Wahl

Die der Sicherheit und der Zugüberwachung dienenden Apparate wurden also mit größter Sorgfalt aus einer Fülle von angebotenen Systemen ausgewählt: Signalbildübertragung, Geschwindigkeitsüberwachung, akustische Kontrollsignalisierung, Zugfunk.

Auch der Umweltschutz ist, mag dies noch so seltsam tönen, eng mit der Sicherheit verbunden. Dabei darf man aber nicht nur an den Fahrgast, sondern man muß auch an den Anstößer der TGV-Strecke denken, fahren doch täglich, wie Windböen, die Triebwagenzüge in relativ kurzen zeitlichen Abständen unweit von friedlichen Bauerngehöften und Dörfern vorbei. Der Lärm (und da gibt es berüchtigte Beispiele wie Flughäfen und Autobahnen) bildet das Hauptproblem; es sei denn, man schließe die Ohren oder sich selber in einen Elfenbeinturm ein, wo die Dezibel keinen Zugang haben, was uns modernen, armen Menschen freilich verwehrt ist!

Woher rührt der Lärm bei der Eisenbahn?

Es ist vor allem ein Fahrlärm, der durch das Rollen der Stahlräder auf den Stahlschienen entsteht und seitlich, zwischen Wagenunterteil und Schiene, entweicht. Immerhin, für den an einer bestimmten Stelle stehenden Beobachter ist es, schon wegen der hohen Geschwindigkeit des TGV, eine rasch wieder abklingende akustische Belästigung.

Es wäre ein großer Irrtum zu glauben — aber ungeschickter noch wäre es, die beunruhigten Anstößer dies glauben zu lassen —, daß die TGV-Züge wesentlich lärmigere Eisenbahnfahrzeuge sind als konventionelle Lokomotiven und Wagen. Nichts, aber auch gar nichts wurde unversucht gelassen, um den Lautstärkepegel zu senken. Und die Erfolge lassen sich sehen . . . oder vielmehr hören!

Der Oberbau

Er verfügt über lange, zusammengeschweißte Schienen, hat somit nur relativ wenige Schienenstöße. Diese Schienen sind mittels Unterlageplatten aus Kautschuk auf Betonschwellen befestigt. Die rauhe, poröse Beschotterung und der untadelige Gleiszustand dämpfen den Fahrlärm ebenfalls.

Die Fahrzeuge

Durch eine im Rahmen des zulässigen Fahrzeugprofils möglichst weitgehende Verkleidung der Drehgestelle gelang es ebenfalls, Lärmgeräusche nachhaltig zu bekämpfen, ohne die Wartung der betreffenden Teile dadurch zu behindern.

Kurzum, der vom TGV bei 260 km/h verursachte Fahrlärm ist nicht größer als jener eines Normalzugs, der mit 160 km/h durch die Landschaft rollt. Die zeitliche Belästigung ist, wir sagten dies schon, wegen der höheren Geschwindigkeit und der geringeren Zugslänge erträglich geworden.

Man vergleiche diesen Lärm mit dem stetigen Geräusch, das längs einer Autobahn zu hören ist und mit dem man sich offenbar abfindet. Aber eben: Das Automobil ist für den modernen Menschen zu einer Art

Halbgott geworden, ohne den er glaubt, niemand zu sein, und dem er ohne Zögern alles opfert.

Noch ein letzter Rat für all jene, die noch nicht vollständig überzeugt sind: Sie mögen ins dicht besiedelte, vielerorts überbaute Japan reisen, wo ähnliche Züge häufig mitten durch Ortschaften sausen, und dies fast lautlos.

Eine letzte Beruhigungspille für Skeptiker: In Frankreich rollen die TGV-Kompositionen nur tagsüber; ein Nachtverkehr ist nicht vorgesehen.

Die neue Linie entstand zunächst auf dem Papier!

Wenn man «Zug» sagt, denkt man auch gleich an die Schienen. Und wenn man «Schiene» sagt, denkt man ans Gleis und stellt sich vor, wie eine neue Eisenbahnstrecke aussehen könnte und wo sie wohl hindurchführen würde.

Vergessen wir nicht, daß in Frankreich, von 1850 bis 1890, rund 30 000 km Eisenbahnlinien (die größtenteils noch in Betrieb stehen) mit Pickel und Schaufel gebaut worden sind. Tonnen von Erdreich wurden in Pferdekarren und auf Maultierrücken verschoben, wenn es nicht gar Menschen waren, die sich vor die Wagen spannten. Eine erste Idee, wie die zukünftige Trasse auszusehen habe, ergab sich aus der Tatsache, daß sie «nur und einzig dem raschen Personenaustausch zwischen großen Zentren dienen» sollte.

Immerhin, der Versuchung widerstehend, eine unendlich lange Gerade zu trassieren, wurde ein Kompromiß gewählt. Es wurden dadurch weder die technischen Erfordernisse noch jene des Umweltschutzes außer acht gelassen, weil die öffentliche Meinung, besonders in bezug auf den letzteren, zu Recht sehr sensibilisiert war.

Die Trassierung dieser neuen Eisenbahnlinie entspricht zahlreichen Bedürfnissen und erfüllt sowohl technische wie auch wirtschaftliche Auflagen. Man kann sich die Tragweite der zu lösenden und schließlich gelösten Probleme als Nichtfachmann kaum vorstellen.

Jede neue Eisenbahnlinie ist das Ergebnis einer Wahl

In den unmittelbar vor der Linie berührten Landschaften ergaben sich große Veränderungen, sowohl in bezug auf die Natur (Flora und Fauna; z. B. Wildwechsel) wie auch in bezug auf die menschlichen Belange (Siedlungen und deren Bewohner). Die neue Linie, die von Paris bis Lyon führt, benützt zunächst die bestehende Strecke Paris—Dijon—Lyon, um sich nach 29 km, ausgangs Combs-la-Ville, von ihr zu trennen. Sie durchquert dann das Plateau von Brie, überquert die Seine in Montereau und folgt dem rechten Ufer der Yonne bis ins Tal der Vanne, grüßt in der Nähe von Saint-Florentin die klassische Verbindung Paris—Dijon, um bei Montchanin den Canal du Centre zu überqueren. Sie streift nur kurz die Berge des Charolais

Mit elektronischen Datenverarbeitungsapparaturen ausgerüstetes Forschungszentrum der SNCF. Es dient dem Studium neuer Eisenbahnverbindungen.

Irgendwo im Departement Saône-et-Loire.
Quizfrage: Wo ist die Linie?

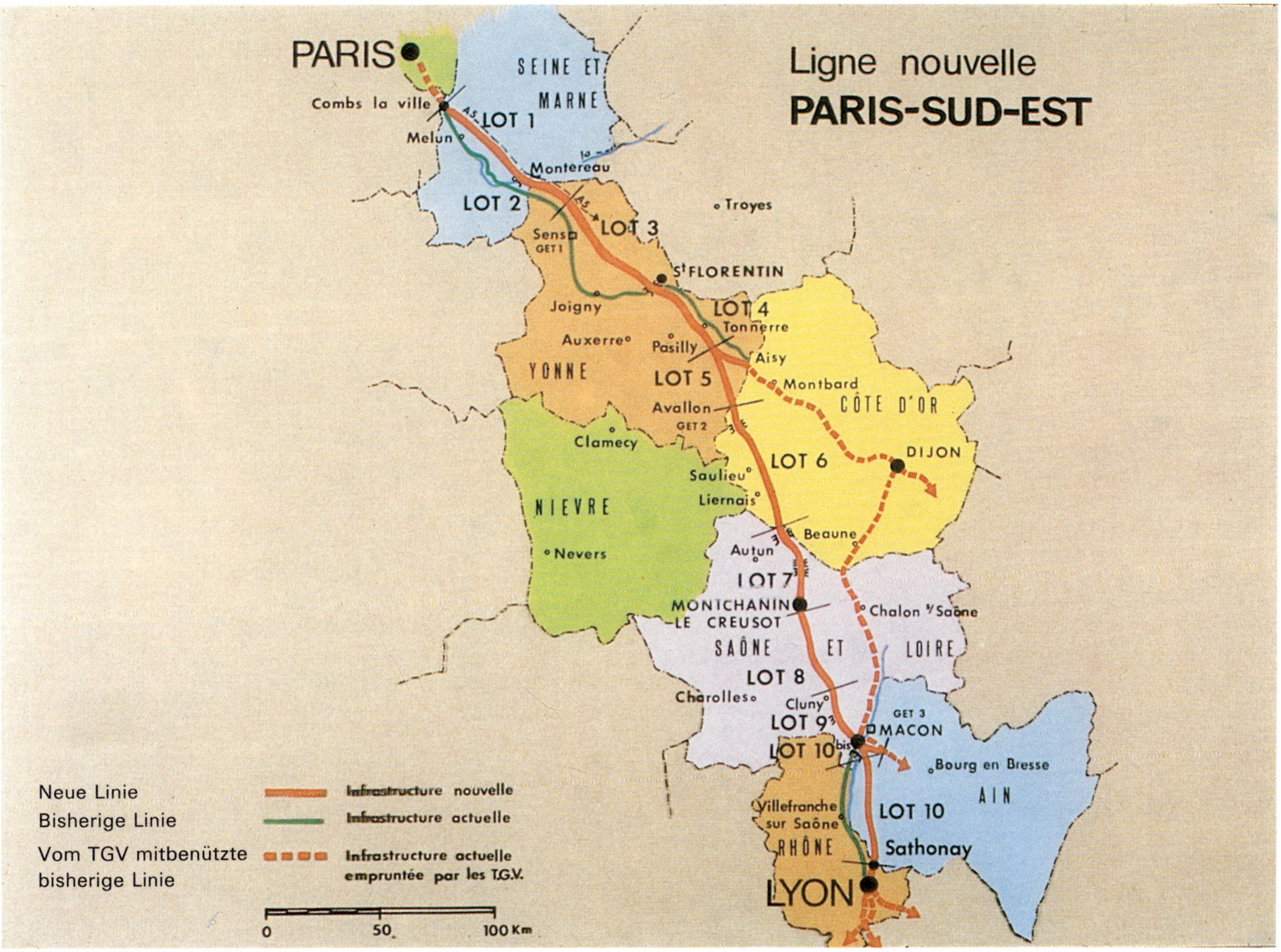

Ligne nouvelle
PARIS-SUD-EST

PARIS

Combs la ville
Melun
Montereau

SEINE ET MARNE

LOT 1
LOT 2
LOT 3

Sens
GET 1

Troyes

St FLORENTIN

Joigny
Auxerre
Pasilly
Aisy

YONNE

LOT 4
Tonnerre

LOT 5
Montbard
CÔTE D'OR

Avallon
GET 2

Clamecy

DIJON

Saulieu
Liernais

LOT 6

NIEVRE

Beaune

Nevers
Autun

LOT 7

MONTCHANIN
LE CREUSOT

Chalon s/Saône

SAÔNE   ET   LOIRE

LOT 8

Charolles
Cluny

GET 3

LOT 9
bis

MACON

LOT 10

Bourg en Bresse

AIN

Villefranche
sur Saône

LOT 10

RHÔNE
Sathonay

LYON

Neue Linie	———	Infrastructure nouvelle
Bisherige Linie	———	Infrastructure actuelle
Vom TGV mitbenützte bisherige Linie	– – –	Infrastructure actuelle empruntée par les T.G.V.

0   50   100 Km

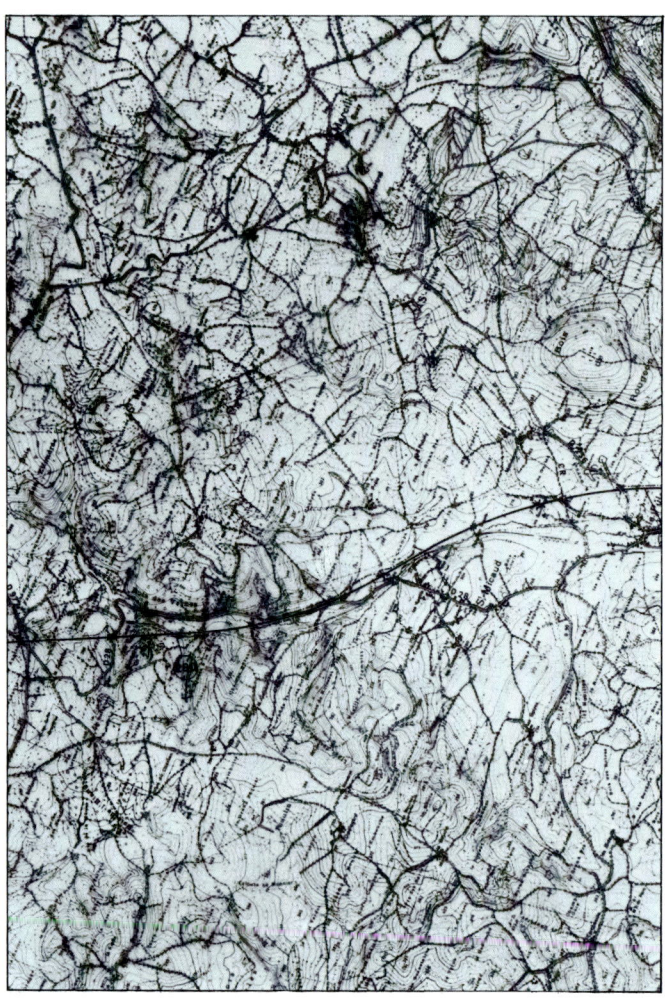

1, 2, 3   Der gleiche Streckenabschnitt im Maßstab 1:25 000, 1:5000 und 1:1000.

und des Mâconnais, mündet ins Tal der Saône ein und überquert diesen Fluß unweit Mâcon. Weiter geht es im Departement Ain, wo man der Dombes-Ebene folgt. Parallel zum linken Ufer der Saône verlaufend, dringt die Linie bei Sathonay ins Departement Rhône ein, vereinigt sich mit der neuen Linie Bourg–Lyon, um ihren Lauf im Bahnhof Lyon-Part-Dieu (eröffnet 1983), beinahe im Herzen der Metropole Galliens, zu beenden.

Es sind insgesamt 409 km (inbegriffen die Abzweigungen) einer neuen, technisch ultramodernen Eisenbahnlinie, welche die Distanz zwischen Paris und Lyon von 512 auf 425 km vermindert und zwei Zwischenstationen aufweist: Le Creusot-Montceau-Montchanin und Mâcon.

Bevor die Arbeiten ausgeschrieben und spezialisierten Firmen anvertraut werden konnten, mußte man eine genaue Trassierung und ein detailliertes Projekt erarbeiten, um das benötigte Land erwerben zu können.

Die ersten Studien waren also topographischer Natur und umfaßten eine Länge von rund 400 km.

Zweifellos stellt die Verwirklichung des gesamten TGV-Unternehmens eine der größten technischen Leistungen unseres zu Ende gehenden 20. Jahrhunderts dar.

Drei grundlegende Phasen der Projektierung

Vorstudien im Maßstab 1:25 000;
Vorprojekt im Maßstab 1:5000;
Projektentwurf im Maßstab 1:1000.

Auf Grund dieser letzten Studie, die das Resultat der beiden ersten ist, wird aus den Plänen Wirklichkeit.

Da die staatlichen Behörden für die «Grobwahl» der Trasse auf Grund des Landkartenmaßstabs 1:25 000 zuständig sind, bleibt für den projektierenden Ingenieur zunächst lediglich das Aufstellen allfälliger Projektvarianten: Die Synthese schon vorhandener Kenntnisse und erster Rekognoszierungen im Gelände gestattet es ihm, einen rund 500 Meter breiten Geländestreifen festzulegen. Innerhalb desselben verläuft die definitive Linienführung.

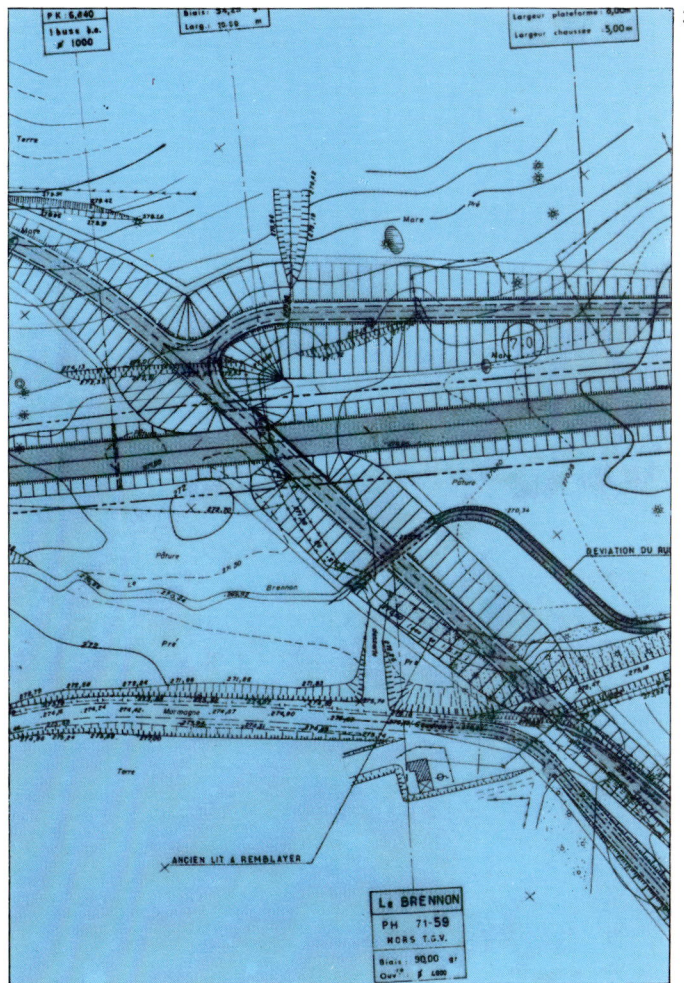

Geländevermessung und Entnahme von Bodenproben.

Das Vorprojekt im Maßstab 1 : 5000 bedingt eine systematische Erfassung des «Tatorts», nachdem man von den Landbesitzern die Erlaubnis eingeholt hat, deren Privatbesitz zu begehen. Diese entscheidende Begehung ermöglicht topographische, geologische und hydrologische Erkenntnisse, die auch dazu dienen, sich mit allfälligen baulichen Erschwerungen vertraut zu machen, z. B. mit überbautem Gelände, mit Kanalisationen und Hindernissen mannigfaltiger Art.

Die zuständigen Topographen erstellen Geländekarten des erwähnten Streifens und lassen Luftaufnahmen anfertigen, besonders im schwierigen Terrain (Wald, Flußüberquerungen). Die Geologen kümmern sich um die möglichen Erdbewegungen in unstabilen Zonen, während sich die Hydrologen mit den Gewässern (Flüsse, Bäche) auseinandersetzen und den zu erwartenden Höchstwasserstand bestimmen: Die Eisenbahnlinie muß mindestens einen Meter über der Gewässeroberfläche bei Höchstwasserstand verlaufen.

Nachdem diese Studienergebnisse zusammengetragen worden sind, kann man das Vorprojekt im Maßstab 1 : 5000 auflegen und weiß nun, wie die Trasse am günstigsten verlaufen könnte, ohne die Umwelt allzusehr zu belasten.
Die Breite des erfaßten Geländebandes in der Projektsstudie 1 : 1000 beträgt dann nur noch 100 m.
Auf Grund dieser Studie kann die Parzellierung und die Ausschreibung der anfallenden Bauarbeiten erfolgen.

Die Parzellierung

Sie ist unerläßlich und dient dazu, die zu enteignenden Immobilien und das benötigte Bauland zu erfassen sowie sich mit den gesetzlich festgelegten Rechten ihrer Besitzer auseinanderzusetzen. Dies wurde in allen von der neuen Linie berührten Gemeinden der Departemente Seine-et-Marne, Yonne, Côte d'Or, Saône-et-Loire und Ain-et-Rhône durchgeführt: Etwa 5000 Besitzer von rund 10 000 Parzellen, welche eine Oberfläche von insgesamt 2300 Hektaren umfassen, waren zu begrüßen.

Gemäß dem Gesetz vom 8. August 1962 führten die Enteignungen meist zur Güterzusammenlegung. Dieses heikle Vorgehen wählte man, um verschiedenen landwirtschaftlichen Betrieben Unannehmlichkeiten zu ersparen, die ihnen durch diese neue Eisenbahnlinie erwachsen konnten. Die mehrere Jahre dauernde Arbeit auf diesem Gebiet führte schließlich zum Erfolg. Viele Institutionen, Ministerien und Ämter wurden angesprochen, so die PTT und die Ämter für Kultur und Landwirtschaft. Eingriffe ergaben sich zum Beispiel im Bereich des Rebgeländes und durch Tangierung einiger Waldgebiete.

Am 23. März 1976 wurde für die neue Linie Paris—Sud-Est die «Déclaration d'Utilité publique» ausgesprochen (siehe auch Seiten 52 und 53!), so daß dem Baubeginn nichts mehr im Weg stand. Das Gelände wurde in zehn Baulose aufgeteilt. Planmäßig, am 7. Dezember 1976, erfolgte auf dem Gebiet der Gemeinde Ecuisses, bei Montchanin, der erste Spatenstich.

Der Bau der Linie

Es regnet, die Landschaft ertrinkt im Nebel. Eine lange, schmutzige Schlammspur zieht sich durch die Landschaft, strebt gegen bewaldete Anhöhen und verschwindet am Horizont. Eine Schar Raben setzt sich auf den durchfurchten, nassen, schlammigen Boden und sucht zwischen fetten Erdklumpen vergeblich nach Nahrung.

Zahlreiche Bagger heben, fast spielend elegant, schwere Granitblöcke empor, drehen sich dann ruckartig und legen das transportierte Gut sorgfältig an die Ränder der aufgerissenen Erde. Anderswo lassen Baggerschaufeln Erdklumpen in große, schwere Lastwagen fallen, die — entweder schreiend bemalt oder von Schmutzkrusten überzogen — bald rasch und mit unbekanntem Ziel davonfahren.

Man hört kreischenden Lärm, dumpfes Aufschlagen, das trampelnde und saugende Geräusch von Gummistiefeln, die sich mühevoll durch klebriges Erdreich vorwärts bewegen. Weiter entfernt sind andere Geräusche zu vernehmen: Hier werden Felsen verschoben, dort hört man das Brüllen von Bohrmaschinen, welche Sprenglöcher vorbereiten.

So war es zum Beispiel an einem Novembertag des Jahres 1979 längs des Bauloses 5 in der Nähe von Pasilly, als die Arbeiten noch in vollem Gang waren.

Nach einiger Zeit hat sich die Landschaft wieder verändert. Gräben, Felsen und Vertiefungen sind verschwunden, der Boden ist ausgeebnet. Eine lange, an- und absteigende Piste zieht sich dahin und prägt das Land auf eine neue Weise. Die Hügel und Wälder liegen wieder da, als wäre nichts passiert, der Lärm hat aufgehört. Man hört nur noch den Herbstwind, der leise durch die Wälder rauscht, wie beispielsweise bei km 294, unweit von Curtil-sous-Burnand, auf jener

Tiefbauarbeiten bei Genouilly (Departement Saône-et-Loire).

Rampe, die auf einer Aufschüttung verläuft, bevor sie, von einer Kurve gewissermaßen verschluckt, verschwindet. Alles sieht hier bereits schön geordnet aus, denn hier ist die Linie beinahe fertiggestellt. Sie ist bedeckt mit rötlichem Schotter, überragt von jenen galgenartigen Gebilden, welche in geometrisch exaktem Abstand die Fahrleitung tragen. Am Boden gleißen vier lange, dünne, stählerne Parallelen und verlieren sich in der Ferne. Die Wolken, die am blauen Himmel ziehen, spiegeln sich im graublauen Glanz des Metalls.

Das Gleis

Es setzt sich aus zwei Komponenten zusammen: aus der Schiene und der Schwelle, einem unzertrennlichen Ganzen, das auf einer perfekt verlegten vielschichtigen Unterlage ruht, flach in der Geraden und schräg geneigt wie eine Radrennbahn in der Kurve. Bevor das Gleisbett die Schienen aufnehmen kann, muß es während längerer Zeit immer wieder den Druck der Straßenwalzen über sich ergehen lassen.

Das Gleisbett wird durch Einlagen von synthetischem Filz gegen Verunreinigung von unten wirksam geschützt.

Gleis- und Schwellenmontage durch die Firma Desquennes et Giral.

Entgraten und Schleifen der Schiene nach erfolgter aluminothermischer Schweißung.

Die Schienen

Für das TGV-Gleis werden die üblichen Schienen des Typs UIC 60 verwendet (je Meter 60 kg schwer). Sie stammen, wie fast alle in Frankreich hergestellten Schienen, aus dem Osten des Landes und verlassen die Werkstätten von Villerupt oder Hayange als 36 m lange, gleißende Balken. Besonders sorgfältig hat man sie vorher mittels Ultraschall auf allfällige Mängel (vorwiegend Risse) untersucht.

In SNCF-Werkstätten werden sie zu 288 m langen Schlangen zusammengeschweißt, auf Spezialwagen verladen und zu den Baustellen gefahren. Noch heute sind auf den Eisenbahnlinien oft Schwellen aus widerstandsfähigem und imprägniertem Eichen- oder Buchenholz verlegt, obwohl nun mehr und mehr auch Betonschwellen zum Einbau kommen. Es sind die letzteren, die man für die neue Linie verwendet, haben sie doch eine viel längere Lebensdauer: Fünfzig Jahre statt nur zwanzig — und den Vorteil, wesentlich schwerer zu sein: 235 kg statt nur 80 kg. Im übrigen bedarf das Befestigungsmaterial auf diesen Schwellen keines besonderen Unterhalts, was dagegen bei Holzschwellen der Fall ist.

Zwischen Schiene und Schwelle (letztere besteht an ihren Enden aus Betonstichbalken, die mit einer Metalltraverse verbunden sind) erfolgt die Befestigung mittels gerillter Schienenunterlagsplatten aus Elastomer (einem kautschukartigen, elastischen Kunststoff), auf welche trapezförmige federnde Stahlklemmplatten zu liegen kommen. Während erstere die Vibrationen dämpfen, die von den vorbeifahrenden Zügen

Die Firma Drouard verlegt Schienen: Rechts das provisorische Gleis (man beachte dessen Unregelmäßigkeiten!) mit provisorisch angebrachten Schwellen, welches dazu dient, die Schienen für das Parallelgleis heranzuführen.

ausgelöst werden, dienen letztere der millimetergenauen Spursicherung. Dieses System, «Nabla» genannt, hat sich in Frankreich schon tausendfach bewährt.

Die Ingenieure haben sich übrigens die Frage gestellt, ob es nicht besser wäre, auf die Schotterung gänzlich zu verzichten und die Schiene auf eine flache Betonplatte zu verlegen, wie das andernorts schon gemacht wurde. Man hat dann darauf verzichtet und dafür die Beschotterung noch viel sorgfältiger und aufwendiger

1, 2, 3 und 4   Phasen der Schienenbefestigung

ausgeführt, als dies auf normalen Eisenbahnlinien der Fall ist. Der Schotter erlaubt eine relativ einfache Korrektur der Gleislage, falls sie sich aufdrängen sollte.

Die Weichen in ablenkender Stellung sollen mit Geschwindigkeiten von 160 bis 220 km/h befahren werden können. Die dazu notwendigen Spezialmodelle finden sich beispielsweise bei Verzweigungen, bei Gleisverbindungen zu bereits bestehenden Strecken,

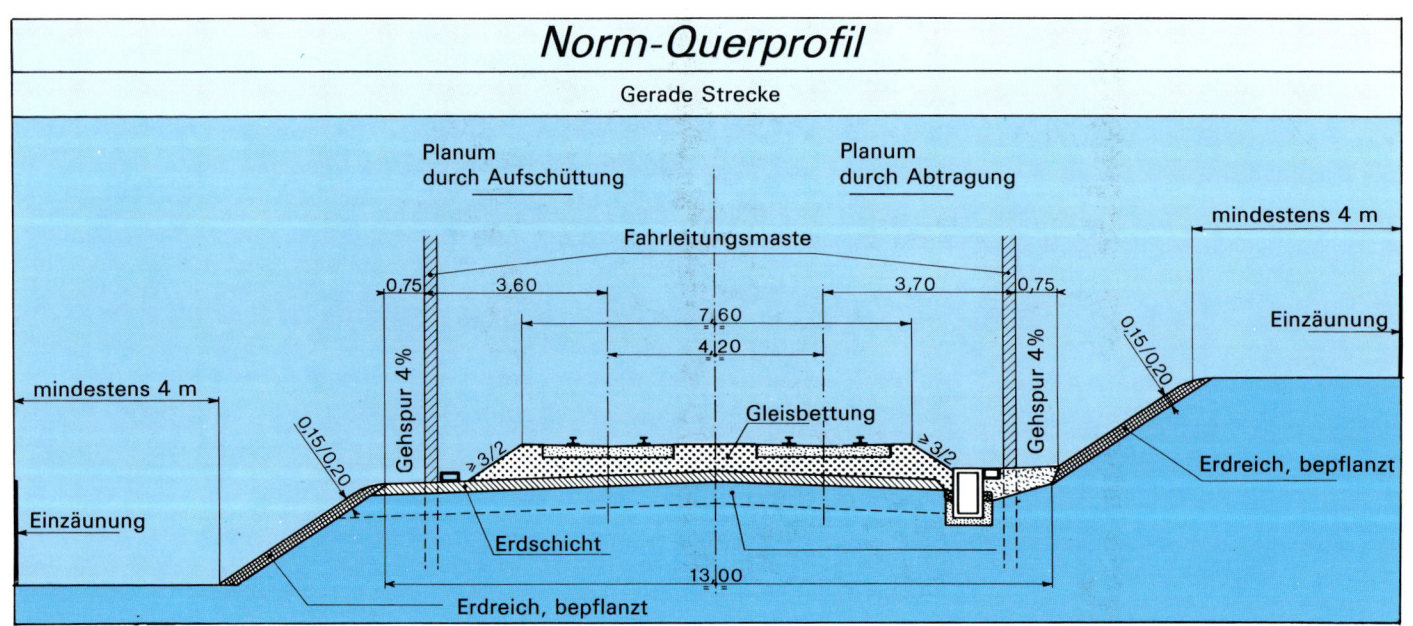

Norm-Querprofil

Gerade Strecke

bei Ausweich- und Überholungsgleisen, so in Montchanin und Mâcon, bei Gleisverbindungen innerhalb der TGV-Doppelspur, da beide Gleise in beiden Richtungen befahren werden können (Banalisierung!). Der Strom wird den Triebwagenzügen über eine nach neuesten technischen Kriterien errichtete Oberleitung zugeführt. Diese Oberleitung besteht aus einem Tragseil aus Bronze und einem Fahrdraht aus Kadmiumkupfer.

1 Fahrleitungs Ausleger.   2 Einbau der Fahrleitung.
3 Weiche mit beweglichem Herzstück, die auch in ablenkender Stellung mit sehr hoher Geschwindigkeit befahren werden darf (aufgenommen in Vaux-en-Pré, Departement Saône-et-Loire).
4 Das bewegliche Herzstück.

1 362 788 Schwellen wurden verlegt, 1666 je Kilometer. Jede ist 2,415 m lang und 235 kg schwer.

Die Speisung der Linie mit elektrischer Energie

Schön ist es, über ein untadeliges Gleis zu verfügen, über eine perfekt gespannte Oberleitung, über windschlüpfige Triebwagenzüge, die mit angelegten, eleganten Pantographen über die Strecke huschen. Aber ohne elektrischen Strom geht es nicht!

Die vordringliche Aufgabe der Stromzufuhr besteht darin, den Triebfahrzeugen die elektrische Energie in der geeigneten Spannung zuzuführen. Indessen sind dabei gewisse, unerläßliche Bedingungen zu erfüllen: Die benötigte Energie, die aus dem Netz der EDF («Electricité de France») geliefert wird, darf keinesfalls anderen Elektrizitätsbezügern entzogen werden. Die Speisung hat möglichst konstant zu erfolgen, bei möglichst wenig Stromtrennstellen.

Darüber hinaus ist weiteren Erfordernissen Rechnung zu tragen: So soll in Spitzenzeiten alle fünf Minuten ein Triebwagenzug verkehren können, denn hinter einem mit 260 km/h dahinbrausenden TGV kann der durchfahrene Blockabschnitt erst nach 3 Minuten 45 Sekunden freigegeben werden.

Im Spitzenverkehr bestehen die meisten Züge aus

1 und 2   Unterwerk Nr. 5 von Curtil-Burnand und Nr. 6 von Saint-Martin-de-Commune, im Departement Saône-et-Loire.

3   Blick auf die Transformatoren: Rechts ein zylinderförmiger Schutzschalter. Oben rechts ein Rundbügel, der als Blitzableiter dient.

4   Unterwerk Saint-Martin-de-Commune, mit einem Transformator im Vordergrund.

zwei Triebwagengarnituren in Vielfachsteuerung, die natürlich wesentlich mehr Strom benötigen als eine Normalkomposition.

Entsprechend diesen grundlegenden Aspekten mußten gewisse Vorkehrungen getroffen werden.

So wurden neben den leistungsfähigen EDF-Energiequellen auch die entsprechenden Einphasenwechselstrom-Unterwerke für die TGV-Strecke eingerichtet. Dies aus technischen, wirtschaftlichen und ökologischen Gründen.

Um den allzugroßen Abstand zwischen den Unterwerken überbrücken zu können, wurde ein besonderes System angewendet, das in den Vereinigten Staaten schon seit 1913 mit Erfolg erprobt wurde und auch auf

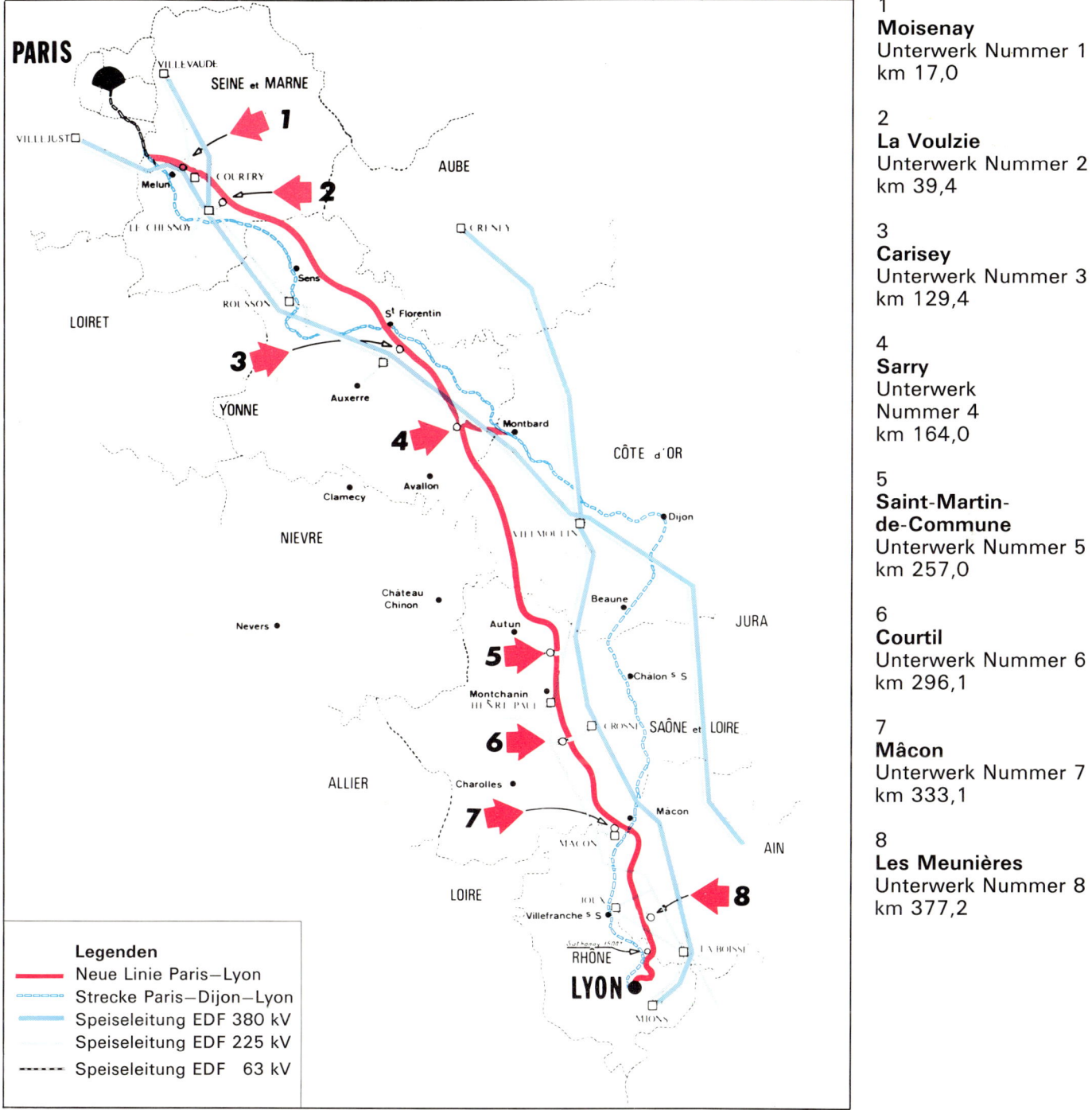

PARIS

VILLEVAUDE

SEINE et MARNE

VILLEJUST

AUBE

COURTRY

Melun

LE CHESNOY

CRENEY

Sens

LOIRET

ROUSSON

St Florentin

Auxerre

YONNE

Montbard

CÔTE d'OR

Avallon

Clamecy

Dijon

NIEVRE

VILLEMOULIN

Château
Chinon

Beaune

JURA

Nevers

Autun

Chalon S S

Montchanin
HENRI PAUL

CROSSE

SAÔNE et LOIRE

ALLIER

Charolles

Macon

AIN

MACON

LOIRE

JOUX

Villefranche S S

LA BOISSE

RHÔNE

LYON

MIONS

Legenden

━━━ Neue Linie Paris—Lyon
∘∘∘∘∘ Strecke Paris—Dijon—Lyon
━━━ Speiseleitung EDF 380 kV
     Speiseleitung EDF 225 kV
- - - Speiseleitung EDF 63 kV

1
Moisenay
Unterwerk Nummer 1
km 17,0

2
La Voulzie
Unterwerk Nummer 2
km 39,4

3
Carisey
Unterwerk Nummer 3
km 129,4

4
Sarry
Unterwerk
Nummer 4
km 164,0

5
**Saint-Martin-
de-Commune**
Unterwerk Nummer 5
km 257,0

6
Courtil
Unterwerk Nummer 6
km 296,1

7
Mâcon
Unterwerk Nummer 7
km 333,1

8
Les Meunières
Unterwerk Nummer 8
km 377,2

der südlichen Streckenfortsetzung der japanischen Linie Tokio—Osaka, auf der San—Yo-Bahn, mit Zuverlässigkeit funktioniert. Eine Einphasenwechselstromleitung mit einer Spannung von 50 kV dient der Energieverteilung längs der Strecke.

Diese Einrichtung gestattet es, den Aktivbereich eines Unterwerkes zu verdoppeln. Um eine größere Betriebssicherheit zu erlangen, wurden viele wichtige Leitungen und Schalter zweifach eingebaut, damit beim allfälligen Defekt eines Teiles eine Reserve besteht.

Die Apparaturen zur Kontrolle der Unterwerke sind im gleichen Raum untergebracht wie die zentrale Zugüberwachung. So ist es auch bei den japanischen Staatsbahnen in Tokio und bei der Pariser Untergrundbahn.

Signalanlagen und TGV-Verkehrsgrundsätze

Auf den klassischen Eisenbahnhauptadern herrscht in beiden Richtungen meist dichter Verkehr. Die Lokomotivführer beobachten und beachten die neben den Gleisen aufgestellten Form- oder moderneren Lichtsignale. Sie interpretieren die roten, orangefarbenen und grünen Lichter, die z. B. darüber Auskunft geben, wie weit voraus ein anderer Zug rollt.

Das Erfassen dieser Signale wird aber problematisch, sobald die Geschwindigkeit des Zuges 200 km/h übersteigt, dies vor allem im Zwielicht, Dunst oder Nebel. Auf den neuen Schnellfahrstrecken beruht das Signalisierungssystem nicht mehr auf der Beobachtung und Beachtung seitlich angebrachter, fest eingebauter Signale durch den Lokomotivführer, sondern auf jener von Signalbildern, die im Führerstand auf einem besondern Apparat optisch reproduziert werden, unmittelbar unter den Augen des Verantwortlichen. Das Führen des TGV-Triebwagenzuges erfolgt indessen nach wie vor manuell, wobei aber ein Sicherheitssystem die gefahrenen Geschwindigkeiten ständig überwacht und automatisch eingreift, falls der Führer das zulässige Maß überschreiten sollte.

Die auf den TGV-Linien eingerichtete Signalisation gestattet eine zeitliche Zugfolge von rund 4 Minuten, was für den Spitzenverkehr ausreicht. Alle 40 km sind Gleisverbindungen in die Strecke eingebaut, die notfalls Einspurbetrieb ermöglichen, damit bei Pannen der Verkehr möglichst wenig behindert wird.

Wie üblich sind auch die TGV-Linien in Blockabschnitte eingeteilt: Jeder Triebwagenzug, der in einen solchen Blockabschnitt einfährt, löst automatisch im Führerstand eine optische Geschwindigkeitsanzeige aus, die den gerade gegebenen Verkehrsverhältnissen auf der Strecke entspricht und vom Lokomotivführer strikt zu beachten ist. Geschwindigkeitsstufen (z. B. 260, 220, 160 oder 0 km/h) hängen mit der Streckenbelegung auf den nächsten Blockabschnitten zusammen.

Die Informationen, die dem Lokomotivführer in der Führerkabine vermittelt werden, sind zweifacher Art: Fortlaufende Informationen, z. B. zulässige Höchstgeschwindigkeit, zulässige Geschwindigkeit am nächsten Kontrollpunkt, Fahrt auf Sicht.

Gezielte Befehle, wie absoluter Haltebefehl, Befehl, den Strom abzustellen usw.

Die Übertragung der Informationen

Sie erfolgt in den Führerstand über die Schiene mittels Fühlern, welche Wechselstrom verschiedener Frequenzen aufnehmen. In der Führerkabine wird der Strom in Meldungen und Befehle umgesetzt, die für die Fahrt und die Betriebssicherheit des Zuges unerläßlich sind.

1 TGV-Informationsfühler, sichtbar nach dem Entfernen einer Wagenkastenverschalung.
2 Informationsfühler aus der Arbeitsgrube gesehen. Auf dem Bild sieht man sehr schön die abgerundete Triebwagenspitze.

Beim TGV ist ein sog. «Enteiser» eingebaut: Da der Zug in Zentralfrankreich verkehrt, wo das Klima im Winter oft rauh ist, kann Reif, der sich am Fahrdraht festsetzt, zu Unterbrüchen in der Stromabnahme und zu verminderter Geschwindigkeit führen. Der Enteiser wirkt dadurch auf den Fahrdraht, daß er in diesen ganz kurzfristig eine Hochspannung jagt, die zum Abschmelzen des Eises führt.

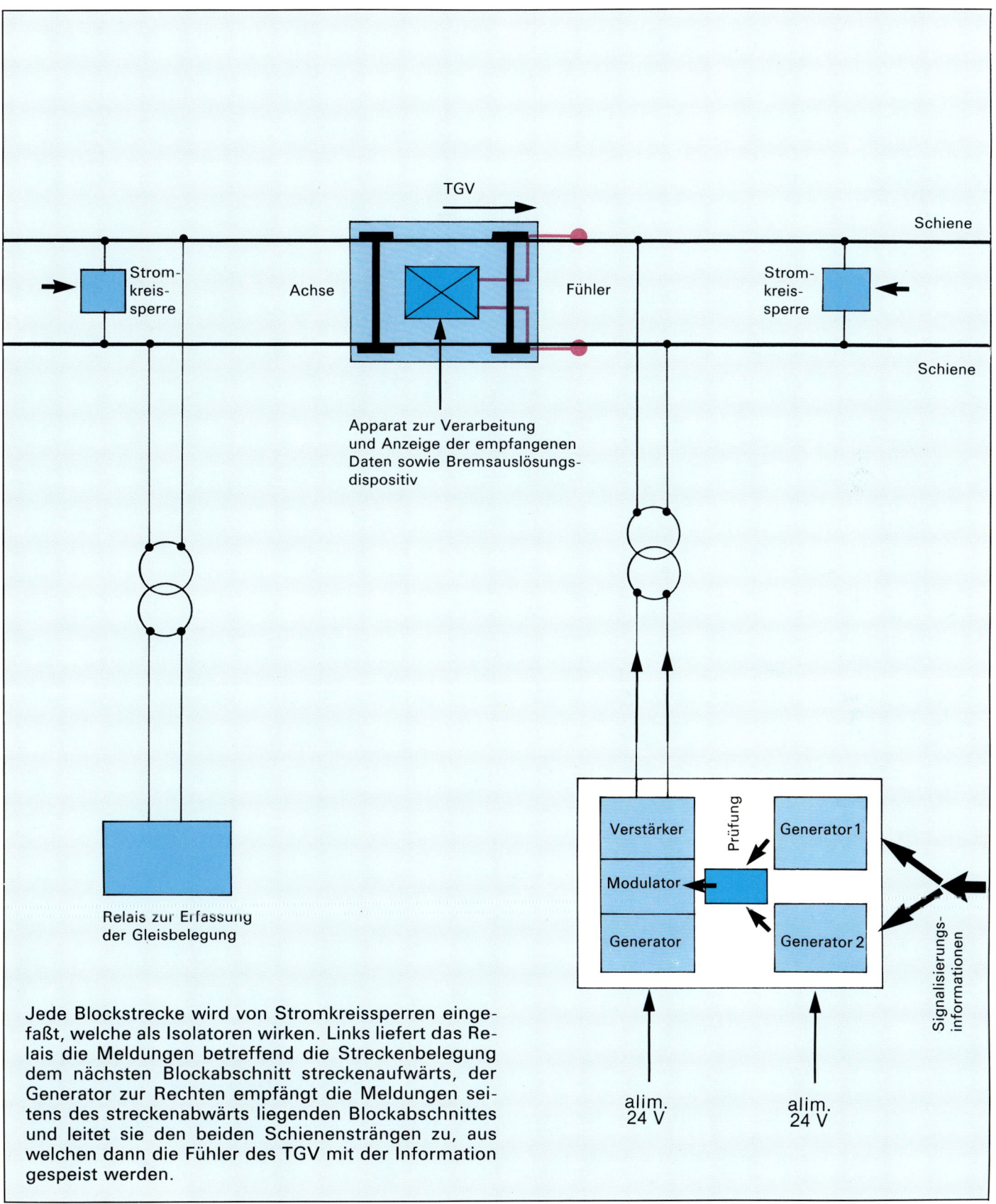

TGV

Schiene

Strom-
kreis-
sperre

Achse

Fühler

Strom-
kreis-
sperre

Schiene

Apparat zur Verarbeitung
und Anzeige der empfangenen
Daten sowie Bremsauslösungs-
dispositiv

Relais zur Erfassung
der Gleisbelegung

Verstärker

Prüfung

Generator 1

Modulator

Generator

Generator 2

Signalisierungs-
informationen

alim.
24 V

alim.
24 V

Jede Blockstrecke wird von Stromkreissperren einge-
faßt, welche als Isolatoren wirken. Links liefert das Relais die Meldungen betreffend die Streckenbelegung
dem nächsten Blockabschnitt streckenaufwärts, der
Generator zur Rechten empfängt die Meldungen seitens des streckenabwärts liegenden Blockabschnittes
und leitet sie den beiden Schienensträngen zu, aus
welchen dann die Fühler des TGV mit der Information
gespeist werden.

Selbstverständlich sind das nicht die einzigen, aber die lebenswichtigsten Sicherungen. Ohne näher darauf einzutreten, soll noch erwähnt werden, daß die Möglichkeit besteht, das traditionelle Signalsystem mit der TGV-Signalisierung zu koppeln.
Die Überwachung der gesamten TGV-Linie und die Festlegung der Fahrstraßen erfolgen von Paris aus. Auf einer riesigen Kontrolleuchttafel kann ein einziger Beamter den Lauf aller TGV-Züge beobachten und notfalls eingreifen (siehe auch Seite 50!).

1

1   *Reflektierende Tafel, die den Blockanfang bezeichnet.*

Schema 1: Kurve der Geschwindigkeitsverminderung, die der Lokomotivführer eines TGV zu beachten hat, der sich einem Haltepunkt nähert. Man beachte die Geschwindigkeitslimiten, die bei der Einfahrt in jeden neuen Blockabschnitt verbindlich sind. Bei ihrer Nichtbeachtung erfolgt automatisch die Schnellbremsung des Triebzuges.

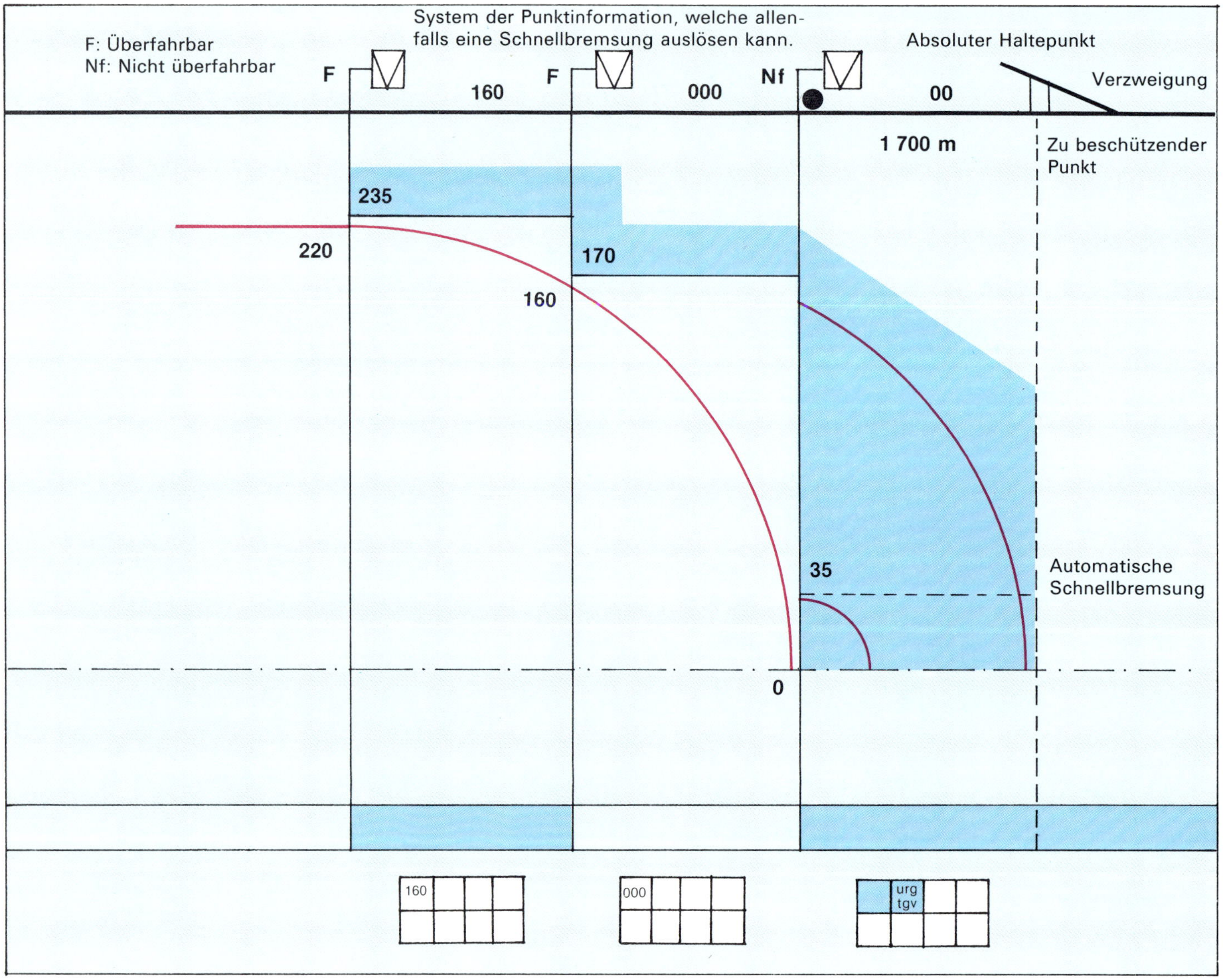

F: Überfahrbar
Nf: Nicht überfahrbar

System der Punktinformation, welche allenfalls eine Schnellbremsung auslösen kann.

Absoluter Haltepunkt

F   160   F   000   Nf   00   Verzweigung

1 700 m   Zu beschützender Punkt

235
220
170
160

35

0

Automatische Schnellbremsung

160   000   urg tgv

2   Gleisstromkreis-Signalisierungsschaltkasten.

Schema 2: Falls der Zug an einem bestimmten Blockende anzuhalten hat, erfolgt die Geschwindigkeitsverzögerung gemäss Schema 1. Ein punktuelles Informationssystem, das unmittelbar beim betreffenden Blockende installiert ist, kann zudem die automatische Schnellbremsung auslösen, selbst wenn die Zugsgeschwindigkeit 35 km/h unterschreitet.

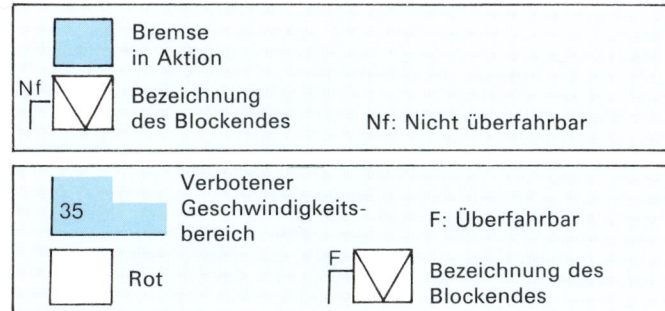

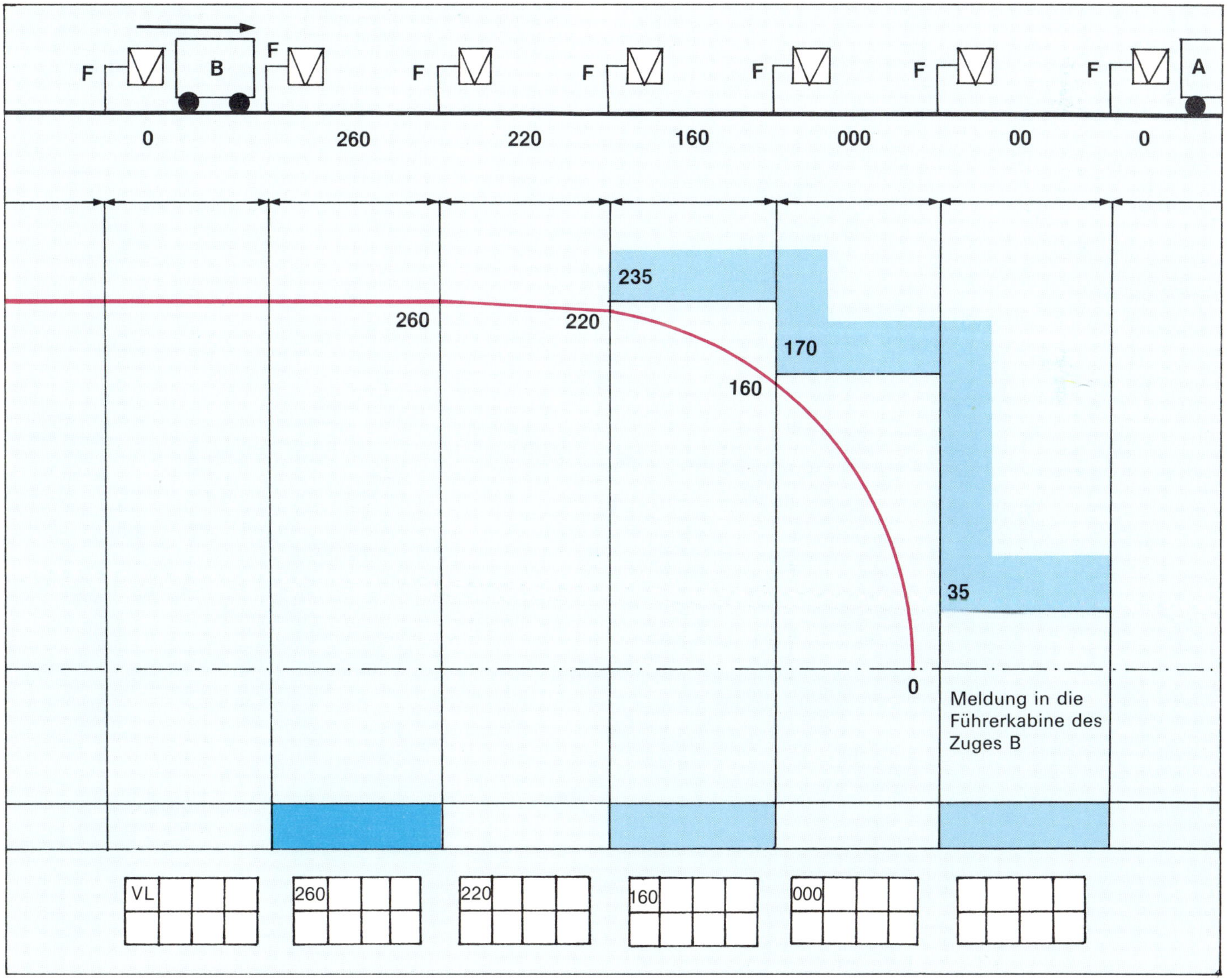

▨	Bremse in Aktion	
Nf ▽	Bezeichnung des Blockendes	Nf: Nicht überfahrbar

35 ▨	Verbotener Geschwindigkeitsbereich	F: Überfahrbar
☐	Rot	F ▽ Bezeichnung des Blockendes

F ⊢▽   B   F ⊢▽   F ⊢▽   F ⊢▽   F ⊢▽   F ⊢▽   F ⊢▽ A

0   260   220   160   000   00   0

260   220
                        235
                        170
                        160

                        35

                        0   Meldung in die Führerkabine des Zuges B

VL				260				220				160				000						

Die Kunstbauten

Der Mensch, als Schöpfer und Ästhet, ist nicht zuletzt als Konstrukteur stets dort in vorderster Front anzutreffen, wo es um den Kampf gegen die Unbill der Natur geht. Für ihn sind Abenteuer und Gefahr das tägliche Los, denn berückend ist es, Schwierigkeiten zu besiegen. 500 Kunstbauten sind über die 389 km lange TGV-Strecke verteilt. Sie dienen der Überwindung jener Hügel und Täler, die längs der Linie berührt werden. In ebenem Gelände geht es meist um das Überqueren von Wasserläufen, Straßen und Eisenbahnlinien, was technisch keine besonderen Schwierigkeiten bietet.

Anders sieht es im Hügelland aus: Die durch die hohen Geschwindigkeiten bedingten großen Kurvenradien verlangen natürlich mehr Kunstbauten als das sich mit geringen Kurvenradien dem Gelände anschmiegende Gleis. Durch den Bau einiger relativ steiler Abschnitte konnte man bei der neuen Linie auf mehrere Kunstbauten verzichten, so daß sich Geld sparen ließ. Dies war um so notwendiger, weil ein Kilometer Kunstbaute fünf- bis zehnmal teurer zu stehen kam als die gleiche Länge in offener Landschaft.

Ein Beispiel: Die gesamte neue Linie umfaßt weniger Kunstbauten als das 26 km lange Teilstück Blaisy-Bas—Dijon der alten Linie, ganz zu schweigen von einer andern Neubaustrecke, der «Direttissima» Rom—Florenz, deren Viadukte insgesamt 30 km lang sind und die 71 km weit in Tunnel verläuft!

Auf der gesamten neuen Verbindung zwischen Paris und Lyon liegen überhaupt keine Tunnel, abgesehen von jenen, welche bei der Nordeinfahrt von Lyon zu durchfahren sind und für den TGV deshalb kein technisches Problem bilden, weil hier die zulässige Höchstgeschwindigkeit gering ist.

Die Kunstbauten der neuen Linie lassen sich in zwei Gruppen aufteilen: Straßenquerungen und Eisenbahnlinienquerungen.

Die Viadukte wurden samt und sonders aus vorgespanntem Beton hergestellt, nach der erprobten Kunst des Druckstoßverfahrens. Man hat sich bemüht, sie so zu gestalten, daß sie sich gut in die Landschaft einfügen.

Drei Aufnahmen der neuen Linie während der Bauarbeiten.

1   Die neue Linie quert in Hochlage eine Autobahn.
2   Unterführung für Weidevieh. Auch an den Wildwechsel wurde gedacht. Dafür sind spezielle Unterführungen vorgesehen.
3   Der Bahnhof von Montchanin im Bau (Winter 1980).
4   Eine der zahlreichen Kunstbauten.

Als Baumaterial weist der Vorspannbeton größte Dauerhaftigkeit bei ausgesprochener Langlebigkeit auf. Die Neubaulinie ist vollständig eingezäunt. Das Fehlen von schienengleichen Übergängen verleiht ihr absolute Sicherheit. Immerhin erfolgten bei Straßenüberführungen leider schon mehrmals Automobilabstürze auf die unten durchführenden Gleise. Deshalb hat man die Sicherung des Straßenrandes an den gefährlichen Stellen durch Verbesserung der Einfassungen (Leitplanken, Radabweiser) verstärkt.
Mehrere Unterwerke und neue Bahnhöfe mußten errichtet werden, um das problemlose Verkehren dieses «Zuges des 21. Jahrhunderts» zu ermöglichen. Nunmehr ist auch der neue Bahnhof Lyon-Part-Dieu fertiggestellt und dem Betrieb übergeben worden.

Einblick ins Nervenzentrum des TGV-Systems: die Kommandozentrale PAR.

Die «Kommandozentrale»

Die große Stellwerkzentrale PAR («Poste d'Aiguillage et de Régulation») übernimmt, von Paris aus, die zentrale TGV-Überwachung auf der gesamten neuen Linie. Von hier aus werden auch die Unterwerke kontrolliert, die den von den TGV benötigten Fahrstrom in die Oberleitung jagen.

Alle Aggregate, welche Signale, Weichen und die Stromspeisung betätigen, sind ferngesteuert.

Der Verkehrsleiter oder Zugüberwacher kann hier 18 Stellwerke, welche längs der Strecke verteilt sind, fernbedienen und damit nicht weniger als 278 Fahrstraßen festlegen.

Ein elektronischer Rechner (Computer), der jene Fahrstraßen festlegt, über welche die TGV zu rollen haben, nimmt ihm viel Arbeit ab. Die Leuchtkontrolltafel TCO («Tableau de Contrôle optique»), wir sehen sie oben

abgebildet, gestattet dem Zugüberwacher, den TGV-Fahrten genau zu folgen. Dabei erscheint die TGV-Kursnummer jeweils unter kleinen Leuchtpunkten, die über den schematischen Linienplan der Kontrolltafel verteilt sind.

Der Zugüberwacher ist also stets genau darüber im Bild, wo sich gerade ein TGV befindet, ob er mit der fahrplanmäßigen Geschwindigkeit rollt oder ob er verspätet ist. Mittels Sprechfunk kann er jeden Lokomotivführer auf der Strecke erreichen.

Ein für die elektrische Energieübertragung zuständiger Beamter überwacht die acht oben erwähnten Unterwerke und sorgt, notfalls durch Umschalten auf andere Stromquellen, dafür, daß kein Spannungsabfall in der Oberleitung entsteht.

Die TGV-Linie fügt sich auf harmonische Weise in die Landschaft ein.

Und morgen? – Da rollt's noch schneller!

Es ist sehr schwierig vorauszusagen, wie die Züge in Zukunft aussehen werden, denn das Heranreifen neuer Ideen und neuer Betriebskonzepte auf dem Gebiet des Eisenbahnwesens braucht natürlich seine Zeit. Wir haben dies eben bei der Entwicklung des TGV erlebt.

Doch der rastlose Mensch forscht weiter. Was will er denn? Noch schneller fahren? Wahrscheinlich, denn Experimente, welche zurzeit im Gang sind, scheinen dieses Bestreben zu bestätigen. Viele Versuche wollen aber auch aufzeigen, daß man die althergebrachten Schienen verlassen kann, daß z. B. ein Einschienengleis aus Stahlbeton verwendet werden könnte. Man denkt auch daran, sich des Rades zu entledigen oder es an anderer Stelle des Fahrzeugs und eventuell in anderer Funktion einzusetzen.

Es ist wahrscheinlich, und niemand scheint dies zu bestreiten, daß die nächsten Jahrzehnte neue terrestrische Fortbewegungsarten, neue Verkehrssysteme bringen werden. Wir wissen ja schon: «Was bedeuten Jahre oder Jahrhunderte für den schöpferischen Menschen?» Nun, soweit ist es natürlich noch lange nicht. Sicher ist aber, daß der Mensch, nachdem es ihm gelungen ist, die hohen Geschwindigkeiten zu meistern, diese nun auch anwendet und sich bemüht, den Großteil der Eisenbahnstrecken den neuen technischen Gegebenheiten anzupassen.

Losgelöst von all diesen Erwägungen darf ein wichtiger Aspekt nicht vergessen werden: Gab es nicht noch kürzlich Leute, die ernsthaft behaupteten, die Eisenbahn habe ihre Rolle in unserem Jahrhundert endgültig ausgespielt?

Nun, die Antwort an diese Pessimisten ist gegeben: Tag für Tag flitzen sie durch die Landschaft, jene faszinierenden, in orange-weißer Farbe strahlenden TGV-Pfeile, unermüdlich und sicher. Man könnte fast meinen, sie rufen uns zu: «Kommt, wir warten auf euch!»

Die Entwicklungsetappen des TGV

Dezember 1966: Die Generaldirektion der Französischen Staatsbahnen (SNCF) lanciert das Projekt «Eisenbahntechnische Erneuerungsmöglichkeiten mittels neuer Infrastruktur» (Projekt C0 3) und beauftragt ihre Forschungsabteilung mit Vorstudien.

Die Hochgeschwindigkeitszüge (TGV)

April 1967: Beginn der Geschwindigkeitsversuche mit dem Gasturbinen-TGV-Versuchsfahrzeug (Leistung 1380 kW, d.h. 1880 PS; bis 1972 werden insgesamt 277 000 km zurückgelegt und Spitzengeschwindigkeiten von 252 km/h erreicht). Die Versuche zeigen, daß sehr hohe Geschwindigkeiten mit geringer Achslast durchaus vereinbar sind.

1969: Bestellung eines Experimental-Turbotrains für sehr hohe Geschwindigkeiten.

1970: Entwicklung von serienmäßigem Rollmaterial für Hochgeschwindigkeitszüge auf neuangelegter Linie.

April 1972: Versuchsbeginn für den Experimental-Turbotrain TGV 001 (Leistung 3760 kW, d.h. 5120 PS; bis Juni 1978 werden damit 456 000 km zurückgelegt, wovon 80 000 km mit Geschwindigkeiten zwischen 200 und 300 km/h. Am 8. Dezember 1972 erreicht der Versuchszug 318 km/h!

Dezember 1972: Beginn der Versuche mit dem Gasturbinen-Triebwagenzug RTG 01. Experimente mit neuen Drehgestellen, mit Spezial-Scheibenbremsen (bei einer erreichten Höchstgeschwindigkeit von 260 km/h werden insgesamt bis März 1974 115 000 km zurückgelegt).

April 1974: Versuchsbeginn für den Triebwagen Z 7001. Man sammelt Erfahrungen mit einer gleitenden Kraftübertragung mittels Kardanantrieb und mit Fahrmotoren, die nicht mehr auf den Drehgestellen ruhen, sondern am Wagenkasten befestigt sind (913 000 zurückgelegte Kilometer bis Mai 1978; erreichte Höchstgeschwindigkeit: 308 km/h).

1 Der TGS
2 Der TGV 001
3 Der RTG 01
4 Der Z 7001
5 Ein TGV der Vorserie

Blick aus der Führerkabine eines mit 260 km/h rollenden TGV.

1975: Man beschließt, aus energiewirtschaftlichen Gründen, elektrisch betriebene TGV zu bauen. Der Wettbewerb für Konstruktionsvarianten ist eröffnet.

Januar 1976: Zwei Inneneinrichtungs-Varianten des zukünftigen TGV in Naturgröße werden dem Publikum zur Begutachtung vorgestellt.

12. Februar 1976: Bestellung der beiden ersten TGV-Kompositionen (Firmen Alsthom-Atlantique und Francorail MTE).

4. November 1976: Weitere 85 TGV werden bestellt.

25. Juli 1978: Der erste TGV der Vorserie wird in Betrieb genommen und erreicht am 23. August 260 km/h. Im Dezember fährt er sogar eine Spitzengeschwindigkeit von 280 km/h. Am 12. Dezember wird der zweite TGV der Vorserie abgeliefert.

16. Januar 1979: Zwischen Straßburg und Colmar werden die beiden Vorserie-TGV dem französischen Verkehrsminister Joël Le Theule vorgestellt.

Die neue Strecke

Dezember 1969: Die SNCF ersucht das Transportministerium um Genehmigung des Projekts einer «Bedienung der Süd-Ost-Region mittels einer neuen Hochgeschwindigkeitsstrecke zwischen Paris und Lyon».

1970 bis 1973: Die SNCF studiert die bestmögliche Trasse und die wirtschaftlichen Vorteile, die eine solche Strecke mit sich brächte. Man berechnet einen Rentabilitätskoeffizienten für die SNCF von 17 Prozent, für die Allgemeinheit von 30 Prozent.

6. März 1974: Beschluß des Ministerrates, die verwaltungsmäßigen Vorkehrungen zur Gewährung der «Déclaration d'Utilité publique» in die Wege zu leiten.

1974/1975: 183 betroffenen Gemeinden wird das Vorprojekt zur Vernehmlassung zugestellt.

April 1975: Die der «Déclaration d'Utilité publique» vorangehende Umfrage wird gestartet.

23. März 1976: Das Projekt erhält die einer Konzession entsprechende «Déclaration d'Utilité publique» (übersetzt etwa: «Das Projekt wird für die Allgemeinheit als nützlich erachtet»).

7. Dezember 1976: In Ecuisses bei Montchanin, im Departement Saône-et-Loire, wird mit dem Bau der neuen Linie begonnen.

24. September 1980: Auf dem neuerbauten Streckenteil zwischen Montchanin und Cluny werden TGV-Versuche durchgeführt, und dabei wird eine Geschwindigkeit von 280 km/h erreicht.

18. Dezember 1980: Der damalige Transportminister Daniel Hoeffel erlebt bei Montchanin die TGV-Fahrruhe bei 260 km/h!

26. April 1981: Der serienmäßige TGV Nummer 16 stellt zwischen km 192 und km 140 der Neubaustrecke den neuen Weltrekord auf Schienen auf: 380 km/h!

27. September 1981: Zwischen Saint-Florentin und Sathonay, auf dem fertiggestellten, 272 km langen südlichen Teil der TGV-Strecke, wird der fahrplanmäßige Verkehr aufgenommen. Fahrzeit 2 Stunden 40 Minuten.

25. Oktober 1983: Der fahrplanmäßige Betrieb wird auf die gesamte 425 km lange Neubaustrecke Paris—Lyon ausgedehnt. Fahrzeit: 2 Stunden!

Nachwort des Übersetzers

Am Sonntag, dem 25. September 1983, war es also soweit: Paris—Lyon auf ganz neuer Strecke, im TGV, bei einer Fahrzeit von sage und schreibe nur zwei Stunden!

Über ein Jahrzehnt hatten die Franzosen davon geträumt, vor allem aber dafür gesorgt, daß aus dem Traum Wirklichkeit wurde. 14 Millionen Reisende wurden allein in den letzten zwei Jahren in den TGV-Zügen unfallfrei befördert. Wahrlich ein beeindruckendes Ergebnis, wenn man weiß, daß die französischen Staatsbahnen, die SNCF, «nur» mit rund 10 Millionen Fahrgästen gerechnet hatten!

Wie aber soll es weiter gehen? Am 22. Januar 1984 wurde das schweizerische Lausanne über Frasne und Vallorbe an das TGV-Netz angeschlossen: Vier TGV-Zugpaare verlassen die Waadtländer Hauptstadt (um 07.38 h der IC 22 «Champs-Elysées», um 12.40 h der IC 24 «Lutétia», um 17.43 h der IC 26 «Cisalpin» und um 19.43 h der IC 28 «Lemano»). Sie erreichen nach rund 3 Stunden 50 Minuten Fahrzeit die Seine-Metro-pole. Reisende ab Bern benützen umgebaute, nun auch die zweite Wagenklasse führende ehemalige TEE-Triebwagenzüge der SBB (Zug 422 «Champs-Elysées», Bern ab 06.45 h, und Zug 426 «Cisalpin», Bern ab 16.52 h). Diese schweizerischen Zubringer rollen über die «Bern—Neuenburg-Bahn», über Kerzers, Neuenburg, Travers und Pontarlier bis Frasne, wo sie Anschluß an die ab Lausanne verkehrenden TGV finden. Die Fahrzeit Bern—Paris beträgt 4 Stunden 40 Minuten. Entsprechende Fahrleistungen nach Lausanne bzw. Bern erfolgen natürlich auch in der Gegenrichtung.

Der Großerfolg des TGV-Systems führt nun dazu, daß neue Strecken gebaut werden sollen: Der «TGV Atlantique» soll zwischen Paris und Voves, auf 82 km Länge, ungefähr der alten Linie Paris—Chartres folgen. Ab Voves wird ein westlicher Linienzweig in Richtung Le Mans bis la Milesse führen. Nach 118 km TGV-Trasse werden die TGV-Triebwagenzüge die Bretagne auf den klassischen Linien erreichen. Die Strecken sollen modernisiert und elektrifiziert werden.

Der südwestliche Zweig (140 km lang) führt von Voves in Richtung Tours. In Monts (Departement Indre-et-Loire) erreicht die Neubaulinie die konventionelle Hauptstrecke nach Bordeaux. Die «Déclaration d'Utilité publique» wurde noch 1983 erteilt, so daß schon Anfang 1984 mit den Arbeiten begonnen werden konnte.

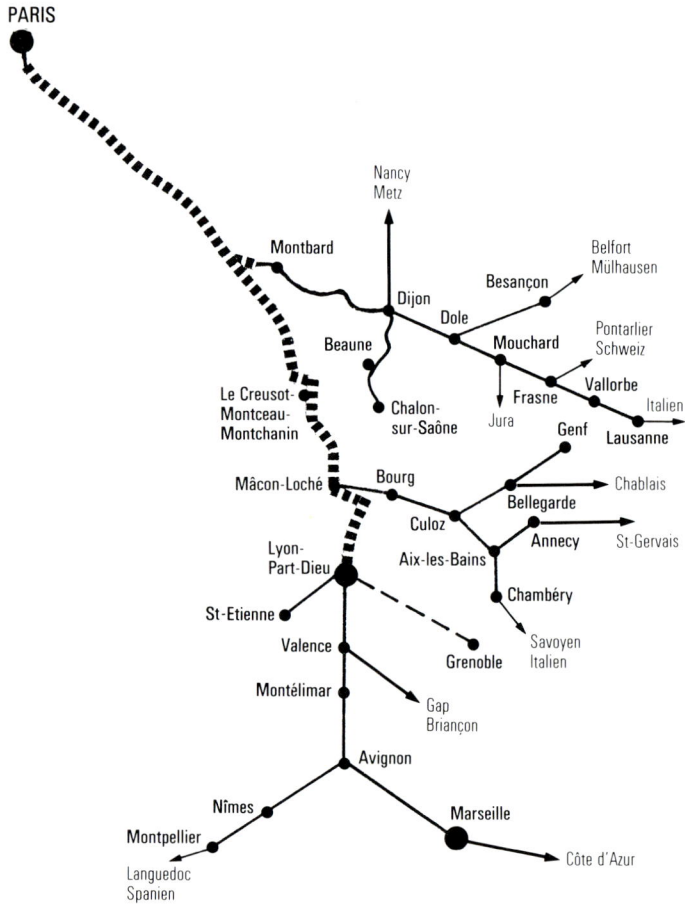

Die TGV-Neubaustrecke und die Zielorte der Schnelltriebzüge. Die Verbindung nach Grenoble wird bis 1985 elektrifiziert.

Auf diese Weise reagiert eine dynamische Staatsbahn auf das stereotype Gejammer Verzagender über die Automobil- und Flugzeugkonkurrenz, die den Bahnen angeblich den Todesstoß versetzt! Mit Fahrpreiserhöhungen bei gleichzeitigem Leistungsabbau kann man freilich keine neuen Kunden gewinnen.

Den TGV-Zügen aber wünschen wir mit Überzeugung für die Zukunft jenen Erfolg, den sie verdienen.

Ascanio Schneider